できる自由研究

小学5・6年生

NPO法人ガリレオ工房 編著

目次

実験

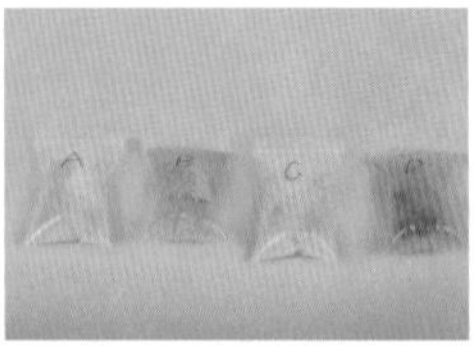

あおくん　スイカマン　りんちゃん

観察

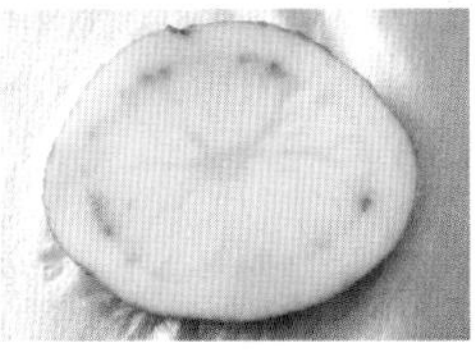

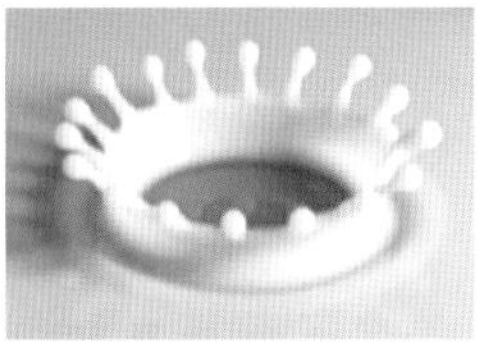

工作

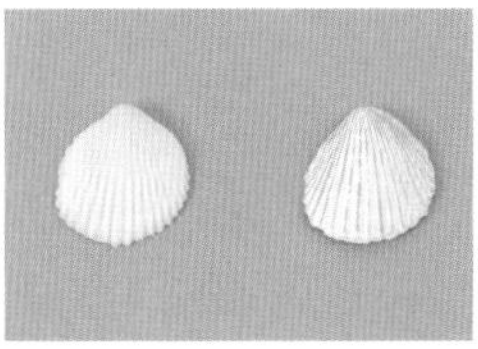

調査

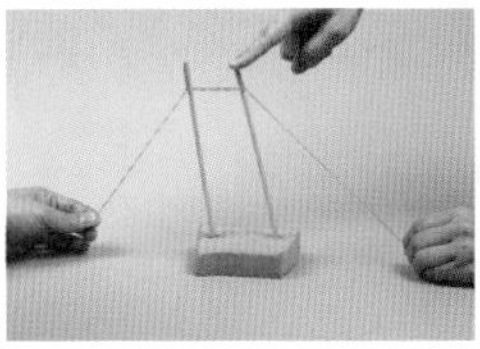

自由研究を発表しよう

あおくん
こんにちは!
ガラッ
いっしょに
スイカ食べよ~
なになに?
ゲームでも
しているの?
あっ!
これね
ちょうど今　自由研究の
ヒントになりそうな
動画を見つけたんだ
とっておき!
自由研究
おもしろネタベスト10
やあやあ
あおくん!　りんちゃん!
よくぞ　おいらの動画を
見つけてくれたね
やっほ~♪
なんで　わたしたちの名前を?
え?
シュバーン!!
きゃ!

おいらは　○○チューバーの　スイカマン!
おもしろい自由研究のネタ　い〜っぱいもってるよ
えへん!!
あこがれの○○チューバー!
スイカのタネくらい
いっぱい　もってるの?
ワクワク!
もちろん!
そのわりに　動画の再生回数は
いまひとつ……
103回……
ギクッ
あ　でもほら　まあまあ　人気っぽいよね?
もどろうかな……
ご……
ごめんね!
ぼくね　自由研究で　おもしろかったことや
発見したことを　みんなに　教えてあげたいんだ!
あっ!
そうだ
ピッ!
おー!
いいね!!
結果のまとめかたも
教えてほしいな
それと!
5・6年生の自由研究では
みんなに　わかりやすく
伝えられるように
発表のしかたを　工夫しよう
ヨーシ!
とっておきの　おもしろネタを
2人に　教えてあげるよ!
これから紹介する「科学の方法」を
参考にして始めよう!
おー!!
おー!

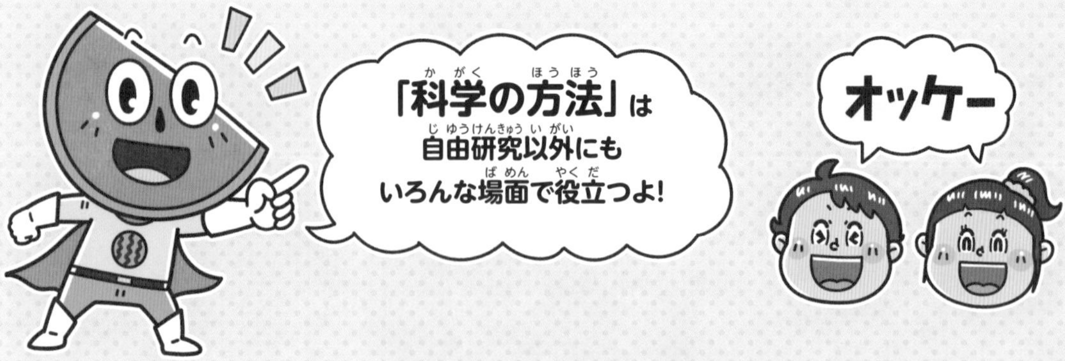
「科学の方法」は
自由研究以外にも
いろんな場面で役立つよ!
オッケー

科学の方法

❶ 疑問

「不思議だな」「知りたいな」
「どうなるのかな」と思う気持ちをもつ。

❷ 予想

「こうなるはずだ」「こうすればうまくいくはず」と予想を立てる。

いっしょうけんめい取り組んで
自分なりの結論を　導きだそう
ゴー!!

❸ 実行

実験・観察・工作・調査をやってみる。

❹ まとめ・考察

結果を文・絵・表・グラフなどでまとめる。
結果からわかったこと、思ったこと、
感じたことを、文や絵で表す。

❺ 発表

まとめたことをみんなの前で発表する。

なるほど!
「科学の方法」で
研究の仕上がりが
よくなるんだね
みんなに
わかりやすい方法で
まとめよう!

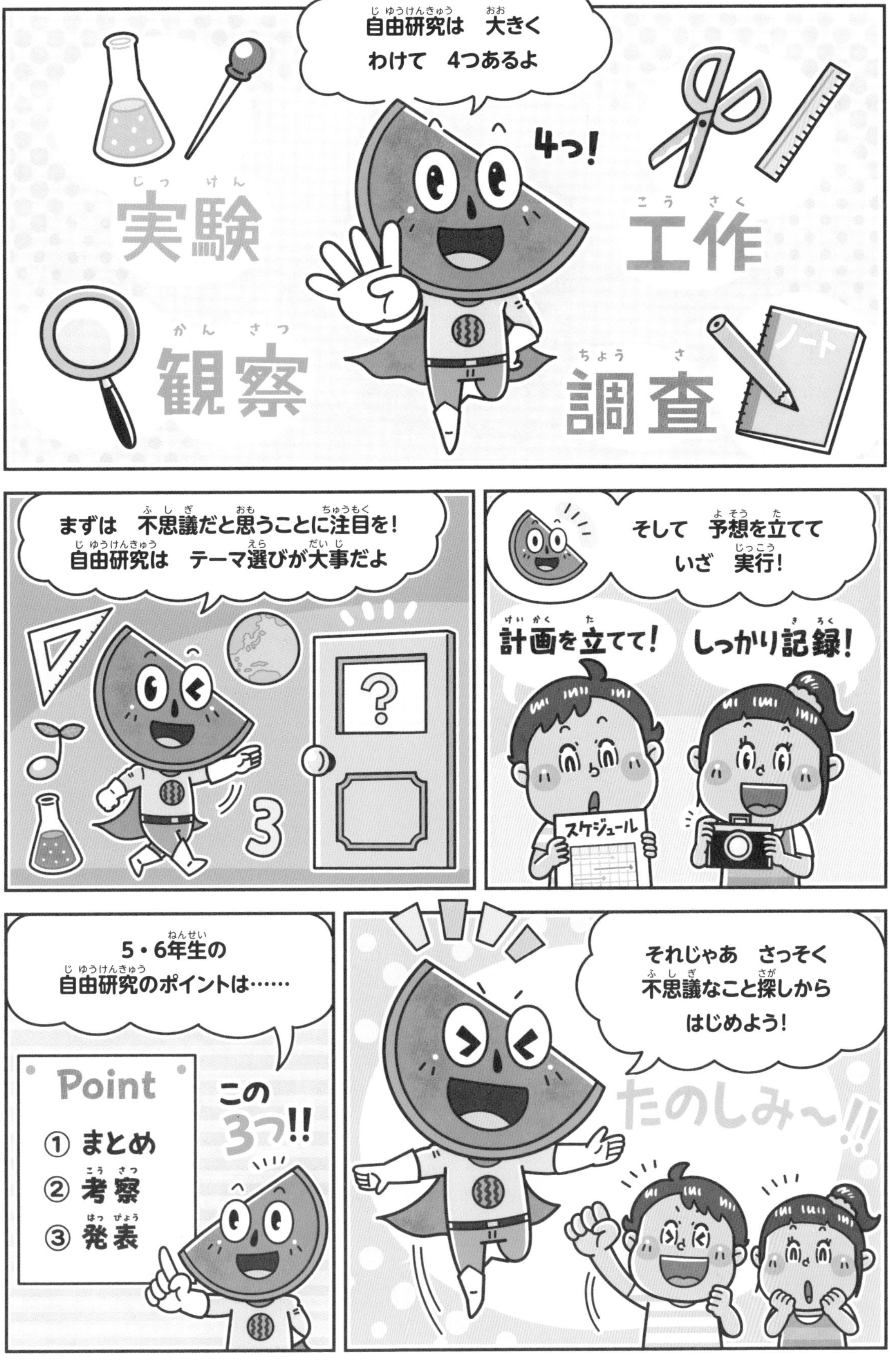
自由研究は　大きく
わけて　4つあるよ
4つ!
実験
工作
観察
調査
ノート
まずは　不思議だと思うことに注目を!
自由研究は　テーマ選びが大事だよ
3
そして　予想を立てて
いざ　実行!
計画を立てて!
しっかり記録!
スケジュール
5・6年生の
自由研究のポイントは……
Point
① まとめ
② 考察
③ 発表
この
3つ!!
それじゃあ　さっそく
不思議なこと探しから
はじめよう!
たのしみ～!!

実験　野菜からDNAを取り出そう!!

くわしくは
≫p18

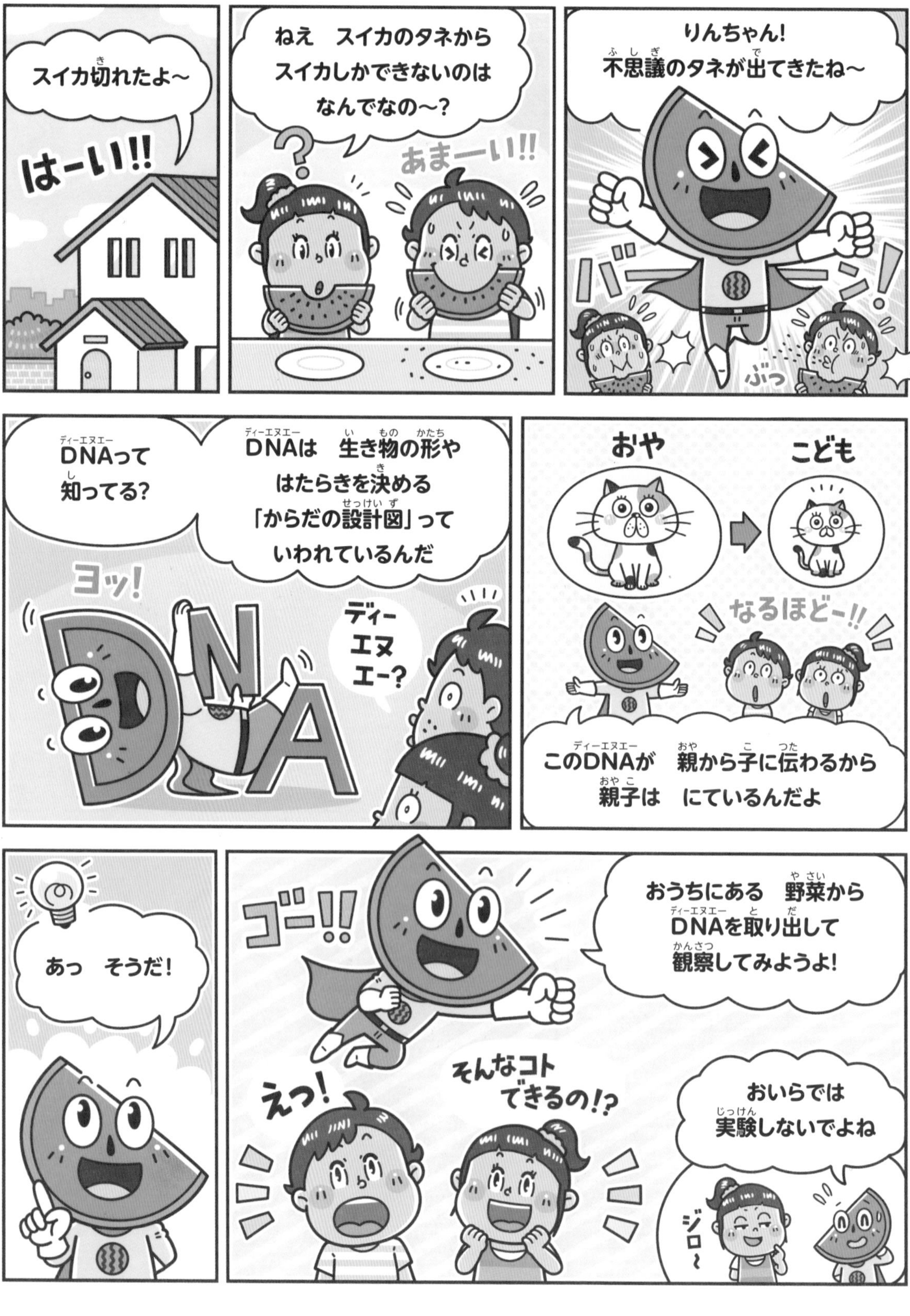
スイカ切れたよ～
はーい!!
ねえ　スイカのタネから
スイカしかできないのは
なんでなの～?
あまーい!!
りんちゃん!
不思議のタネが出てきたね～
バーン!
ぶっ
DNAって
知ってる?
DNAは　生き物の形や
はたらきを決める
「からだの設計図」って
いわれているんだ
ヨッ!
ディー
エヌ
エー?
おや
こども
なるほどー!!
このDNAが　親から子に伝わるから
親子は　にているんだよ
あっ　そうだ!
ゴー!!
おうちにある　野菜から
DNAを取り出して
観察してみようよ!
えっ!
そんなコト
できるの!?
おいらでは
実験しないでよね
ジロ～

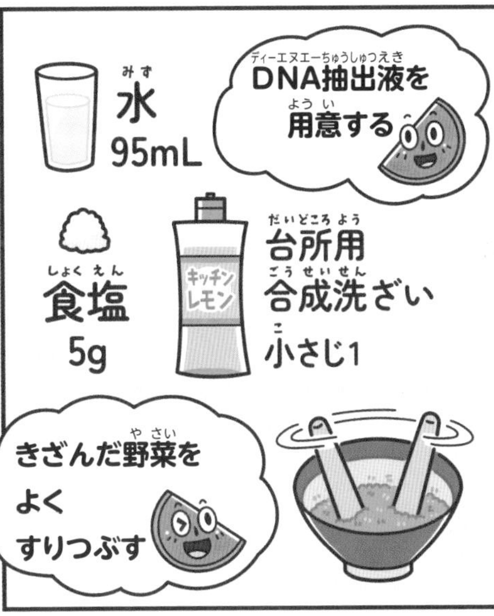
水
95mL
DNA抽出液を
用意する
食塩
5g
キッチンレモン
台所用
合成洗ざい
小さじ1
きざんだ野菜を
よく
すりつぶす

ＤＮＡ抽出液30mＬ を入れて、そっと１回かき混ぜ、10分くらいおく。

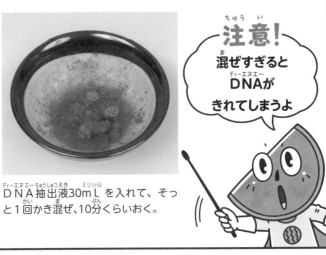

注意！
混ぜすぎると
DNAが
きれてしまうよ

お茶パックをプラスチックカップにセットし、こしてから、小さいガラスびんにうつす。

1/3
くらい！

無水エタノールをスポイトで、ガラスびんのかべにつたわらせて、そっと注ぐ。

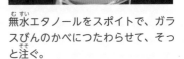

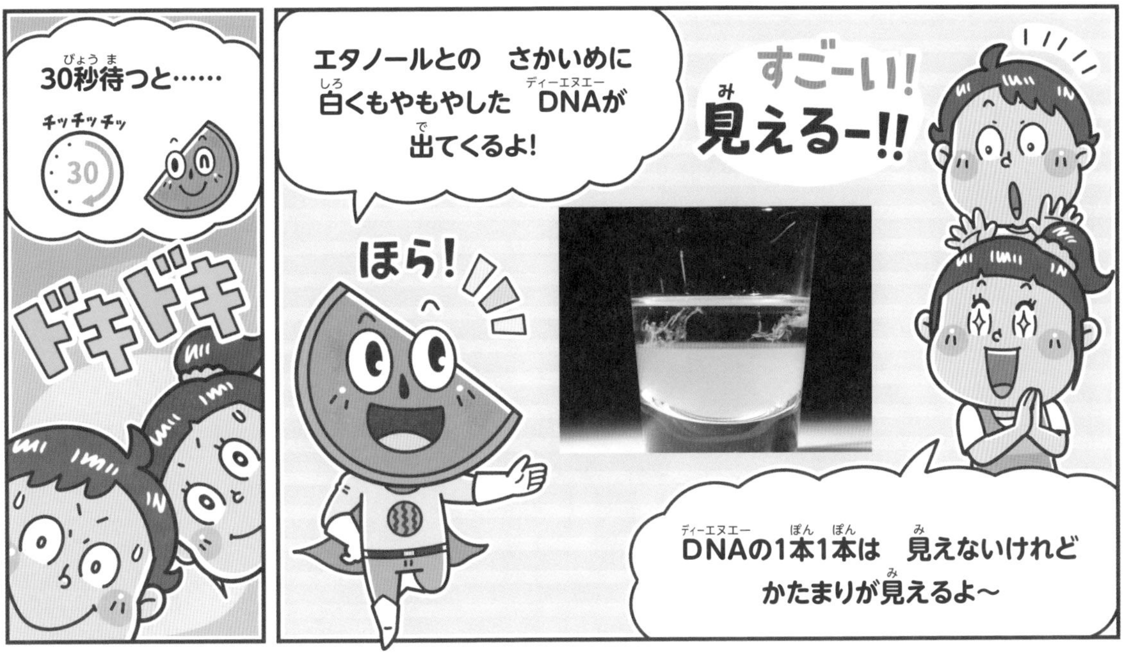
30秒待つと……
チッチッチッ
30
ドキドキ
エタノールとの　さかいめに
白くもやもやした　DNAが
出てくるよ！
すごーい！
見えるー!!
ほら！
DNAの1本1本は　見えないけれど
かたまりが見えるよ〜

観察 にょう素で結しょうをつくろう!!

くわしくは
≫ p54

夏はやっぱり
かき氷だね!
あっつーい!
あっ!
そういえば……
雪の結晶ってあるけど
氷の結晶もあるのかなあ?
く～!!
つめたーい!
?
うん あるよ!
氷の結晶も雪と同じように
基本的に 六角形なんだ
雪の結晶
氷の結晶
ちなみに 水蒸気からできた氷の結晶を「雪」
水が凍ってできた氷の結晶を「氷」って
呼んでいるんだよ
ふむ ふむ
そうだ!!
かんたんにできる
結晶づくりに
チャレンジしてみない?
!
不思議の発見つながりだね!
「にょう素」っていう
二酸化炭素とアンモニアから
合成される 化学製品を使うよ
これで無色の 柱状の
結晶が できるんだ
へー!!
色をつけると
わかりやすいね!

準備

キッチンペーパーを
手でちぎって
水性ペンで色づけ
あおと
きいろ!
にょう素と水を
ペットボトルに
入れて　フリフリ

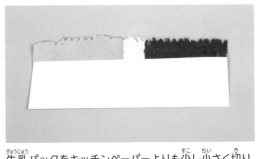

牛乳パックをキッチンペーパーよりも少し小さく切り、キッチンペーパーと重ねて、ホチキスで数か所とめる。

うずまき状にまるめてカップに立てる。にょう素をとかした液体に、PVA入り洗せんたくのりと液体洗剤を入れ、ペットボトルはふらずに、静かにゆらし、10分間おいてなじませる。

せんたく
のり
キッチン
レモン
よっと

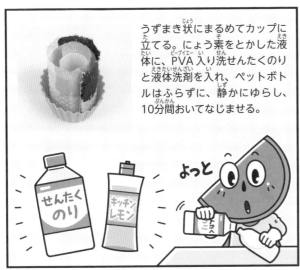

うずまき状にしたものを食品トレーにのせ、ペットボトルの液をカップがいっぱいになるように注ぐ。

半日ほど待とう!

観察

スタート時

3時間後

半日後

上のほうに
針のような　結しょうが
できはじめたよ!
うん!
水分が蒸発すると
結しょうが　できるんだね

工作 宝物のレプリカをつくろう!!

くわしくは
≫ p65

わあ♪
きれいな貝がら
おっ　りんちゃん!
楽しそうに　ビーチ
コーミング　してるね～
おっ!
ビーチ
コーミング?
ビーチコーミングは
浜辺を歩きながら
砂浜に打ち上げられた
漂着物を集めて
観察することだよ
これも
自由研究になるね
あっ!
うん!
キラキラ
ガラス玉
見～つけた!
でも
残念なことに　浜辺には
プラスチックゴミなんかが
自然物よりも　たくさん
落ちていることがあるんだ
環境問題として
覚えておいてね
ゴー!!
よし!　それじゃあ
りんちゃんが拾った　そのきれいな
貝がらの　レプリカをつくって
この夏の思い出にしようよ!
おもしろ自由研究　発動!!
わーい!
スイカマンのタネも
レプリカにする?
あっ!
いっぱい
あるんで
けっこうです
イヤイヤ……

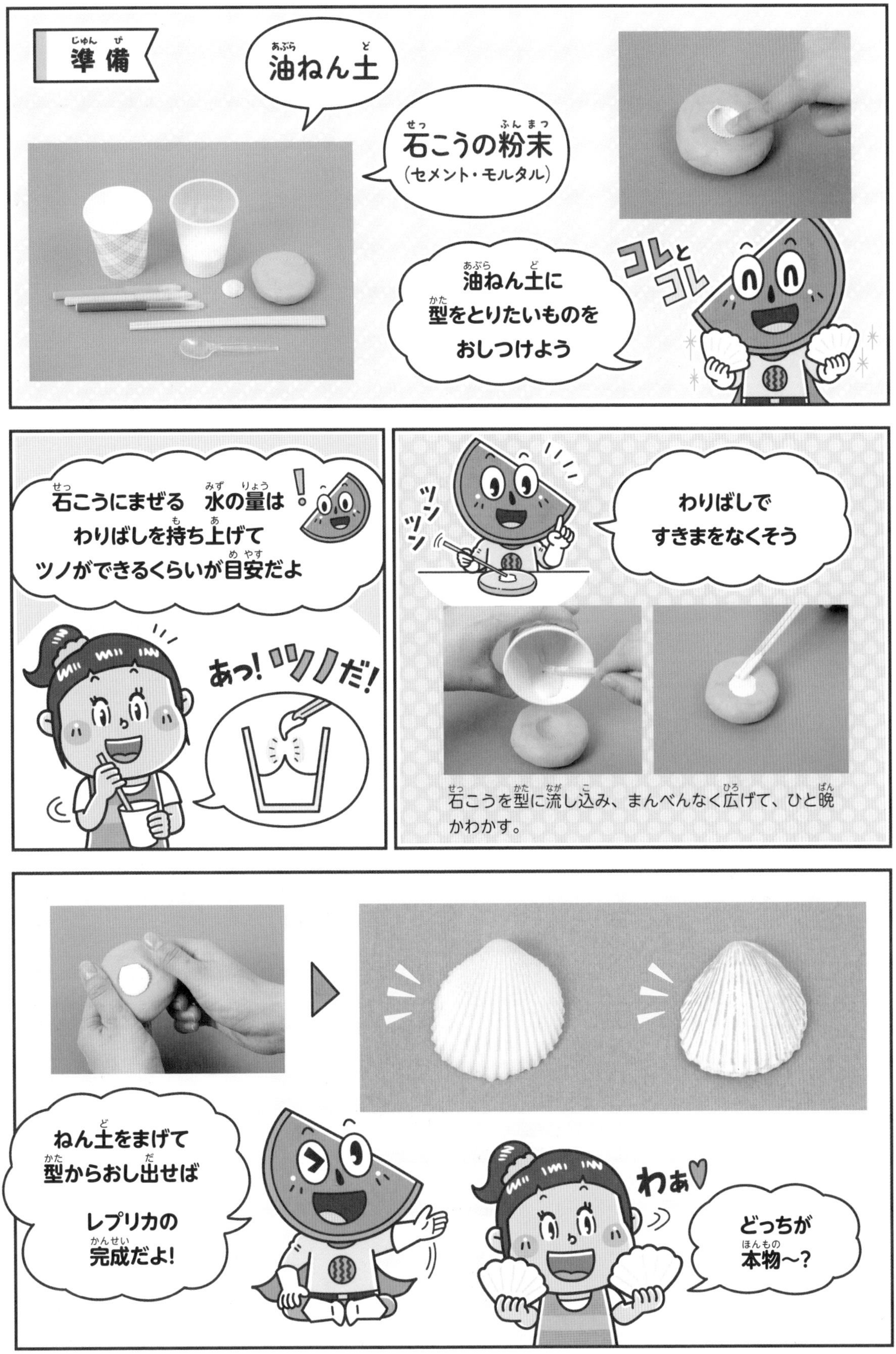
準備
油ねん土
石こうの粉末
（セメント・モルタル）
油ねん土に
型をとりたいものを
おしつけよう
コレとコレ
石こうにまぜる 水の量は
わりばしを持ち上げて
ツノができるくらいが目安だよ
あっ! ツノだ!
ツン ツン
わりばしで
すきまをなくそう
石こうを型に流し込み、まんべんなく広げて、ひと晩かわかす。
ねん土をまげて
型からおし出せば
レプリカの
完成だよ!
わぁ♥
どっちが
本物〜?

調査 工場見学をしよう!!

くわしくは ≫p76

う～ん
カタカタ カタ……
あ～お～く～ん いっしょうけんめい 何を調べているの？
はい スイカ！
あのね 夏休みに工場見学に 行きたいなあって 思って
あっ！ ありがとう
夢の工場見学!!
全国に たくさん 工場があるから まよっちゃうな～
職人さんが ものづくりを している現場を 見せて もらえると いいよね
申しこみ
大人にたのもう
もしもし
準備
見学前に下調べ
くるま
写真をとっても いいか確認しよう
おねがい します！
あいさつ
見学したことや感想は 書きとめておこう
あとで 工場あてに お礼と感想を 手紙で 書いて送るといいね
お礼
くるまが できるまで
うん！

科学の方法
ポイント!
5・6年生は
「まとめ」と「考察」
そして「発表」に
力を入れよう!
研究結果は　テーマや見る人のことを考えて
わかりやすい方法で　まとめようね
発表するときは
身なりもキチンとね!
こんな
感じ?
ポイント!

まとめ・考察

結果を
まとめてみよう

●結果のまとめかたに注意しよう

「結果」と「考察（考えたこと）」がまざってしまうと、何が事実で、何が考えたことなのかがわかりにくくなってしまう。結果のらんには、実際に起こった事実を書こうね。

●表やグラフにまとめよう

結果は文で書いてもいいけれど、表にまとめることができれば、少ないスペースですむし、あとでおたがいの関係性を探るのにとても便利だよ。

●見やすくまとめよう

まとめかたには、いろいろな方法があるよ。研究テーマによって、もっともわかりやすく伝わる方法を選ぼう。

・模造紙にまとめる
大きな字で見やすく書こう。たくさんの字を書くことができないので、短い文や表でまとめることが大切。ぱっと見て、研究の全体がわかる利点があるよ。

・絵日記やスケッチブックにまとめる
研究した順に毎日、少しずつ書き進めることができるよ。絵をたくさんかくときには便利。観察記録に適しているよ。写真をはって、まとめてもいいね。

・レポート用紙にまとめる
本で調べたことなどを加えて書くのに適しているよ。書き直したり、順序を変えたりしやすい。本格的な研究に適しているよ。

・工作品をつける
工作品や標本をつくった場合は、実物を持っていって見せよう。実際に動かしてもらったり、かんたんなものなら、いっしょにつくってみてもいいね。

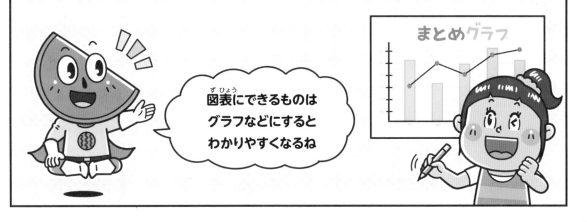

図表にできるものは
グラフなどにすると
わかりやすくなるね

まとめグラフ

発表

みんなに わかりやすく
伝えよう

●発表のしかたを工夫しよう

実際に使ったものや、つくったものを見てもらおう。小さいものや写真は、まわしてみんなに見てもらうといいね。実験の場合は、少しだけ実演すると、発表がわかりやすくなるよ。模造紙で発表する場合は、指し棒で示しながら発表するといいよ。

●大きな声で発表しよう

顔をあげて発表しよう。模造紙に書いてあることを読みあげるのではなく、手にメモをもってみんなに向かって話すといいよ。スケッチブックの場合は、めくった裏に、話すことを書いておくといいよ。ただし、スケッチブックで顔をかくさないようにしよう。元気よく発表するためには、何回か練習しておくことが大切。家の人に聞いてもらうといいね。

●みんなからの質問にこたえよう

発表が終わったら、みんなの質問や意見を聞こう。質問には、わかりやすく答え、わからないことには、あとで調べて答えよう。みんなの意見は、次の自由研究の参考になるよ。

発表
します！
なれてきたら
みんなの顔を見ながら
話す練習をしてみよう

自由研究の仕上げとして
研究成果が みんなに
うまく伝わるといいね
さあ この本を見て
おもしろそうなことに チャレンジして
みんなに 発見やおどろきを伝えよう!
ゴー!!
むずかしそうでも
やってみよう!
がんばろー!!
できる! 自由研究
できる! 自由研究

じっけん

実験

実験をやるときに気をつけること

- 実験の目的をはっきりさせ、結果を予想しておこう。
- 必要なものをあらかじめ準備しておこう。
- 作業の順番を確認して、実験はていねいに行おう。
- 結果はありのままを記録しよう。
- 結果がなぜそのようになったのか、自分の考えをまとめよう。
- 実験で使うものをむやみに口や目などに入れないこと。
- 薬品を使う実験では、メガネをかけて目を守ろう。

実験①
むずかしさ
★★☆

野菜から DNAを取り出そう

ブロッコリーやチンゲンサイなど、身近な野菜をすりつぶし、DNAを取り出してよく観察してみよう。

所要時間 1時間

テーマ
植物の成長（5年生）

白くてもやもやしたものが見えるね。
親子がにているのは、この DNA（遺伝物質）が、親から子に伝わるからなんだよ。

実験のやりかた

1 DNA抽出液を用意する

水95mL、食塩５g、台所用合成洗剤小さじ１を混ぜて、DNA抽出液を用意しておく。

2 野菜をこまかくきざむ

8.0 g

野菜８gをこまかくきざむ。ブロッコリーや菜の花を調べるときは、花の芽だけを使う。

3 野菜をすりつぶす

すりばちで、きざんだ野菜をよくすりつぶす。

4 DNA抽出液を入れる

DNA抽出液30mLを入れて、そっと1回かき混ぜ、10分くらいおく。混ぜすぎると、DNAがきれてしまうので注意する。

用意するもの

●プラスチックカップ
DNA抽出液
(水、食塩、台所用合成洗剤)
無水エタノール
はかり
すりばち、すりこぎ
調べたい野菜(国産のものがよい)
包丁や料理用はさみ
小さいガラスびん、またはとう明カップ
お茶パック(ろ紙)
スポイト

※無水エタノールは薬局で手に入る。 ※台所用合成洗ざいは、ヤシの実などを原料にした、はだにやさしい洗ざいができしている。

5 お茶パックでこす

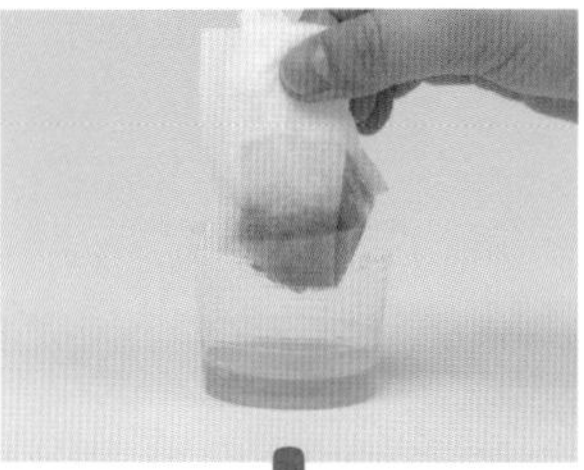
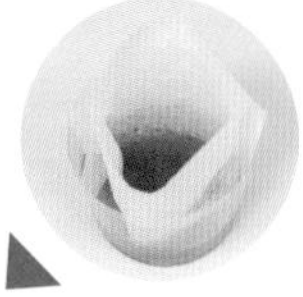

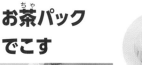

お茶パックをプラスチックカップにセットし、こす。

6 小さいガラスびんに入れる

小さいガラスびんの3分の1くらいまで5を入れる。

7 無水エタノールを注ぐ

無水エタノールをスポイトで、ガラスびんのかべにつたわらせて、そっと注ぐ。

8 DNAが出てくる

横からライトで照らすと、はっきり見えるよ。

無水エタノールとのさかいめに、白くもやもやしたDNAが出てくる。30秒後くらいから出はじめるので、虫めがねでよく観察しよう。

ためしてみよう!

チャレンジ❶

出てきたDNAをスポイトで取り出し、虫めがねやけんび鏡で観察すると、もっとよく見えるよ。

チャレンジ❷

調べてみたい野菜やくだもの、魚卵、レバーなどで実験してみよう。新せんなもののほうが、出やすいよ。

実験でサイエンス

▶DNAは、すべての生き物の細胞ひとつひとつに入っています。

▶抽出液に使う洗ざいは、DNAを取り出しやすくし、食塩はDNAを集まりやすくします。DNAの1本1本は目で見ることはできませんが、この方法でかたまりを見ることができます。

発表のためのまとめ

実験の手順や結果を写真にとってまとめよう。

調べたもの	野菜A	野菜B	野菜C	野菜D
結果	○	◎	×	△
写真				
気がついたこと	・○○○ ・○○○ ・○○○ ・○○○	・○○○ ・○○○ ・○○○ ・○○○	・○○○ ・○○○ ・○○○ ・○○○	・○○○ ・○○○ ・○○○ ・○○○

実験2 むずかしさ ★★☆

備長炭電池でモーターをまわそう

身のまわりにあるキッチンペーパーやアルミはくを使って、備長炭電池をつくり、モーターをまわしてみよう!

所要時間 2時間

テーマ 発電（6年生）

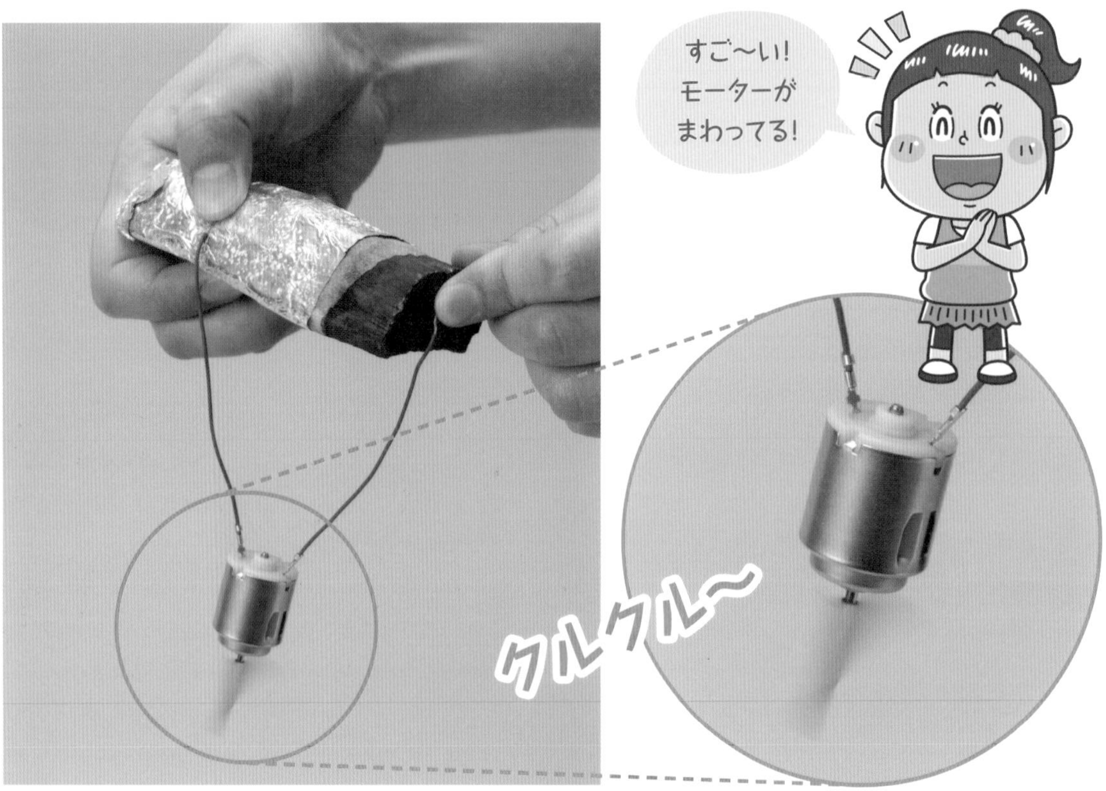
すご〜い!
モーターが
まわってる!
クルクル〜

実験のやりかた

1 備長炭を塩水にひたしたキッチンペーパーでまく

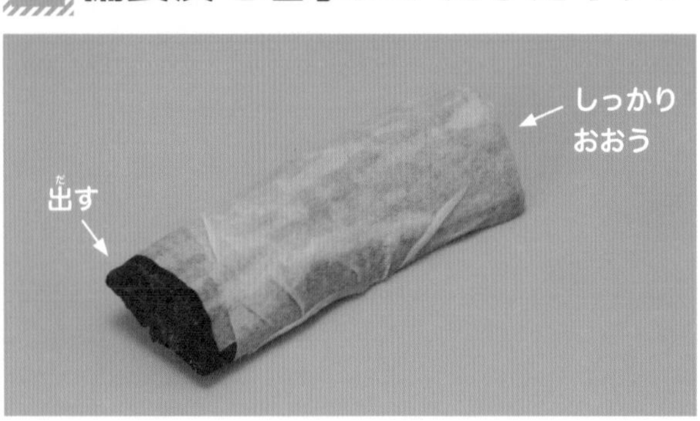
しっかり
おおう
出す

塩水にひたしたキッチンペーパーを、備長炭にまく。一方の先が少し出るようにし、もう一方は炭がかくれるように、しっかりおおう。

※空気が入らないように、手でさすってぴったりまこう。

用意するもの

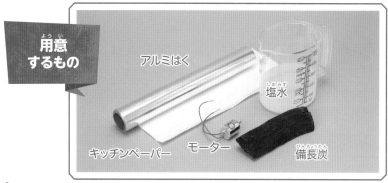

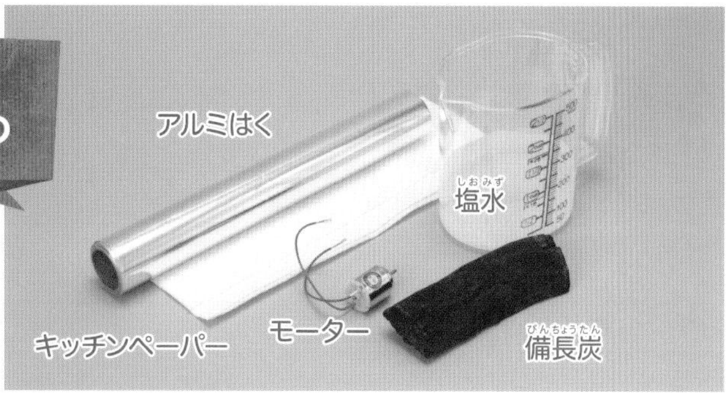
アルミはく
塩水
キッチンペーパー
モーター
備長炭

2 アルミはくをまく

キッチンペーパーの白い部分が少し出るように1の上にアルミはくをまく。アルミはくが、備長炭にふれないようにまこう。

3 備長炭と導線をつなげる

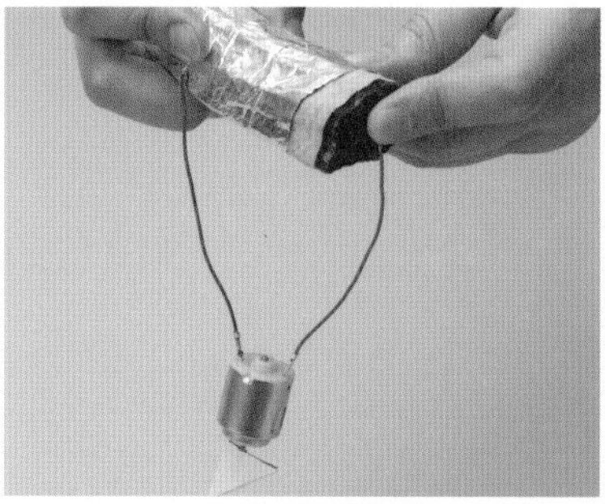

アルミはくの上と備長炭の上で導線をおさえるとモーターがまわる。

とけきらない塩が底に残るくらいの濃い塩水を使おう。

実験でサイエンス

- 10分以上モーターをまわしてからアルミはくを光にすかして見ると、アルミはくに穴があいていることがわかります。アルミはくが変化することで電気が流れたためです。
- 乾電池も備長炭電池とつくりが似ています。乾電池も使うと亜鉛がぼろぼろになっていきます。

乾電池

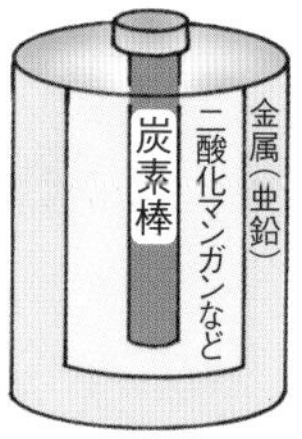
炭素棒
二酸化マンガンなど
金属(亜鉛)

備長炭電池

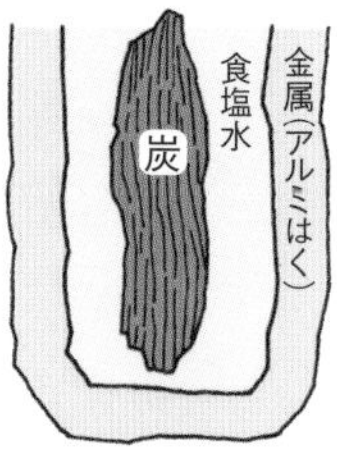
炭
食塩水
金属(アルミはく)

ためしてみよう!

チャレンジ

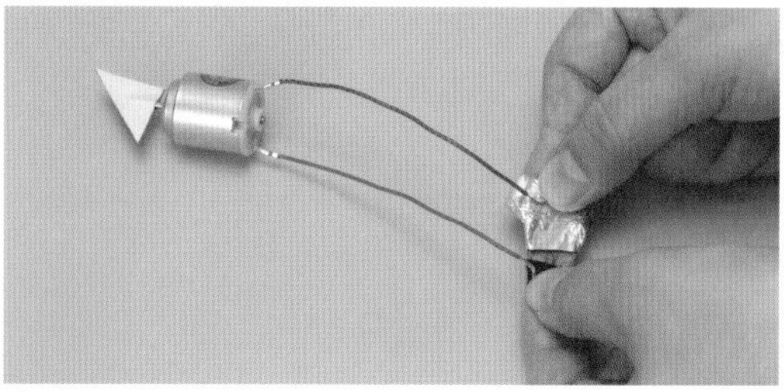

備長炭を小さくしてみよう。どこまで小さくしてモーターをまわせるかな?

発表のためのまとめ

備長炭の大きさによってちがいがあるのか、実際にみんなの前でモーターをまわしながら発表しよう。

実験3
むずかしさ
★★☆

色が2度変わる不思議な絵

綿棒でなぞると紫色がピンク色になった! でも、10秒ぐらいでもとの紫色にもどって、今度は青く変わったよ。

所要時間
2時間

テーマ
酸性・アルカリ性
(6年生)

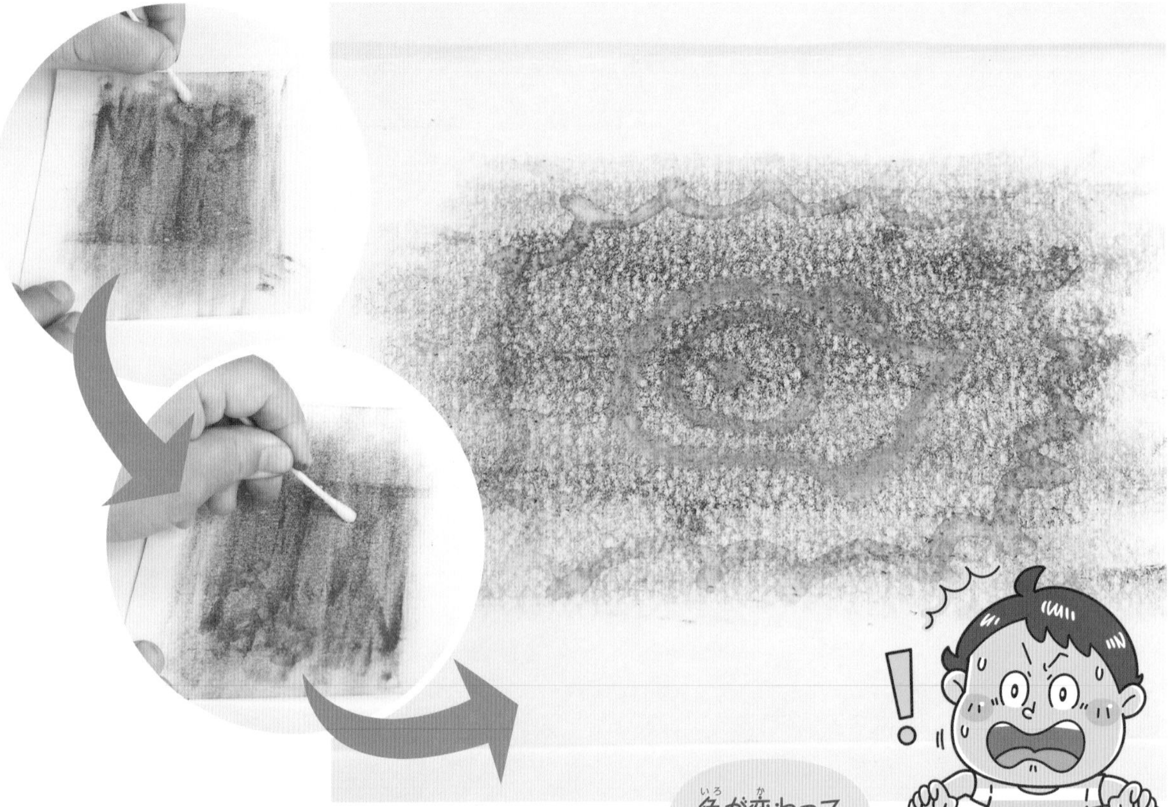

色が変わって
絵がかけた!

実験のやりかた

1 ナスに傷をつける

紙やすりでナスの表面に傷をつける。紙やすりのかわりにくしゃくしゃにしたアルミはくを使ってもよい。

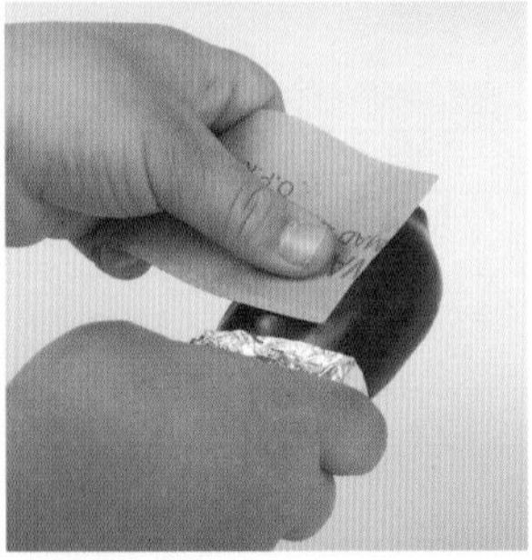

2 ナスを画用紙にこすりつける

ナスの傷をつけた部分を画用紙にこすりつけて色をつける。

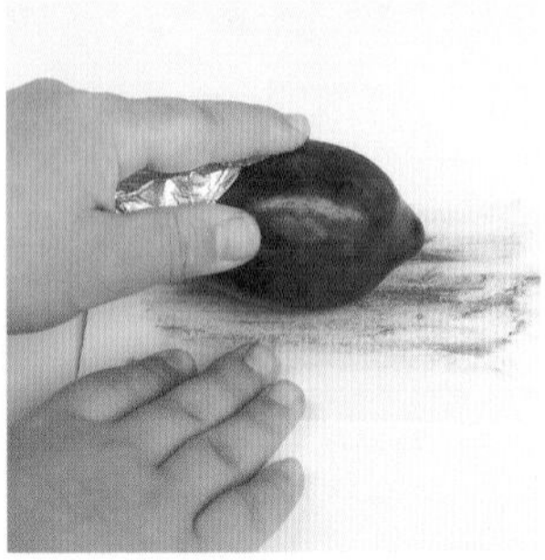

用意するもの

酢
綿棒
紙やすり
アルミはく
画用紙
ナス

酢をつけすぎないのが上手に色を変えるコツだよ。

ナスをこすりつけすぎると緑色になって、色の変化がわかりにくくなるよ。

⚠ ナスのへたにはとげがあるので、手を切らないようにアルミはくをまいておこう。

3 酢をつけた綿棒で絵をかく

酢にひたした綿棒で、2の画用紙に絵をかいてみよう。

実験でサイエンス

▶ナスの色素は、はじめは酸性の酢によってピンク色になり、時間がたつと弱いアルカリ性の画用紙に反応して青く色が変わります。

※紙によっては青くならないこともあります。

ためしてみよう！

チャレンジ

酢のかわりにアルカリ性の石けんでやってみよう。

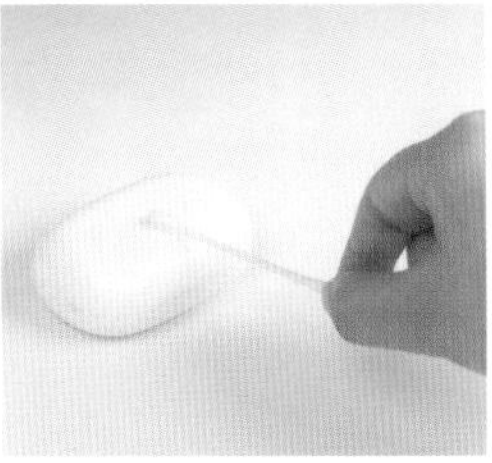

石けんをぬらして、これに綿棒をこすりつける。

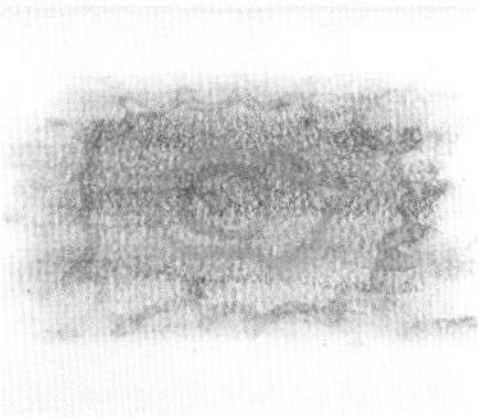

この綿棒で絵をかいてみよう。色はどうなるかな？

発表のためのまとめ

かいた絵を見せるといいよ。みんなの前で実際にかいてみるのもいいね。

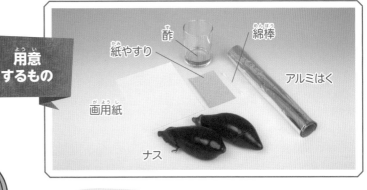

実験④
むずかしさ
★★☆

海水から塩を取り出そう

人の生活に欠かせない塩。太陽光を利用し、海水から塩を効率よく取り出す工夫をしてみよう。

所要時間
5日

テーマ
水の蒸発(4年生)
ものの溶けかた(5年生)

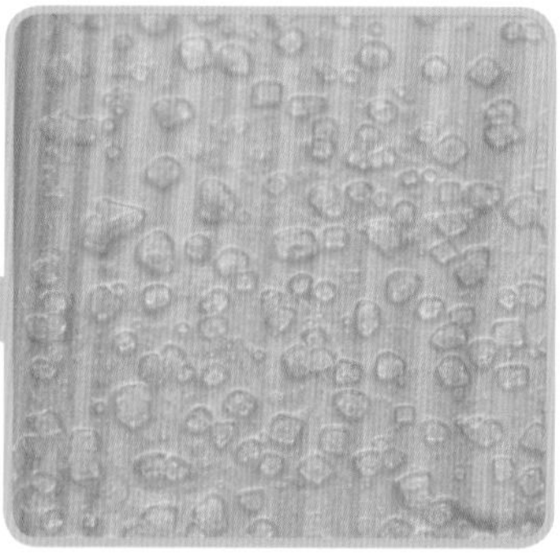

太陽光を利用するよ!

実験のやりかた

1 海水を容器に入れて水分を蒸発させる

海水50mLをさまざまな材質・形の容器に入れて、日当たりのよい窓辺におき、水分が蒸発するまでの時間をくらべる。

ためしてみよう!

うまくいくと、50mLの海水の水を1日で蒸発させられるよ! とちゅうで水温をはかって表にかくのもいいね。取り出した塩はスマートフォンのカメラやデジタルカメラでとっておこう!
51ページを参考にしよう。

チャレンジ①

容器の底を黒くぬったら?

容器の底に黒っぽい砂をうすくしいたら?

チャレンジ②

食塩水にぼくじゅうを数てき入れたら?

用意するもの

いろいろな形の容器
（特に平皿やトレイ）
海水または、
食塩水
●スマートフォン
（またはデジタルカメラ）

伝統的な日本の塩田では、砂地に海水をまいてかわかしたあと、塩のついた砂を集めて海水をかけ、さらに濃い塩水にしてから、これを煮つめて塩を取り出しているんだ。今でも売っているよ。アンテナショップでいろいろな塩を探してみよう。

チャレンジ❸

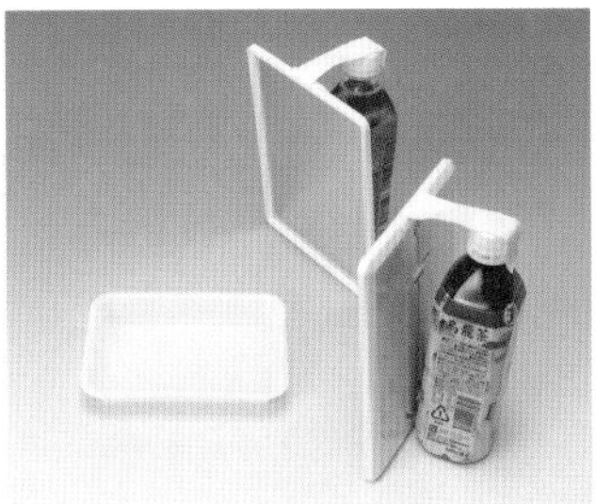

鏡で光を集めて当ててみたら？

塩のついた砂から、砂と塩を分けてみてね。

チャレンジ❹

1

塩のついた砂を、ガーゼかコーヒーフィルターに入れる。

2

中の砂が出ないように気をつけながら、コップの中の海水につける。塩だけが溶け出して濃い塩水になる。

3 できた濃い塩水を平たい容器に入れて、日当たりのよい窓辺においてかわかす。

2のときにコップの中のもやもやに気がついたかな？

実験でサイエンス

▶水面が広いほど水はたくさん蒸発します。容器の色や材質のちがい（陶器かステンレスかなど）でも結果はちがいます。

▶砂を入れると、熱くなりやすいです。砂つぶのすきまに海水が入るので、海水は高い温度になり、効率的に水が蒸発するのです。

発表のためのまとめ

調べたことを表にまとめてみよう。

同じ量の海水が蒸発するまでの日数

そのまま	砂をしく	?	?
5日	?	?	?

条件

●海水の量を同じにする

●すべて日当たりのよい窓辺におく

実験 5

むずかしさ

★★☆

イースト菌で飲み物の糖分を調べよう

「ゼロカロリー」や「カロリーオフ」と表示している飲料が増えているけれど、糖分にどれくらいちがいがあるのか、イースト菌を使って調べよう。

所要時間 1時間

テーマ
消化と吸収
(6年生)

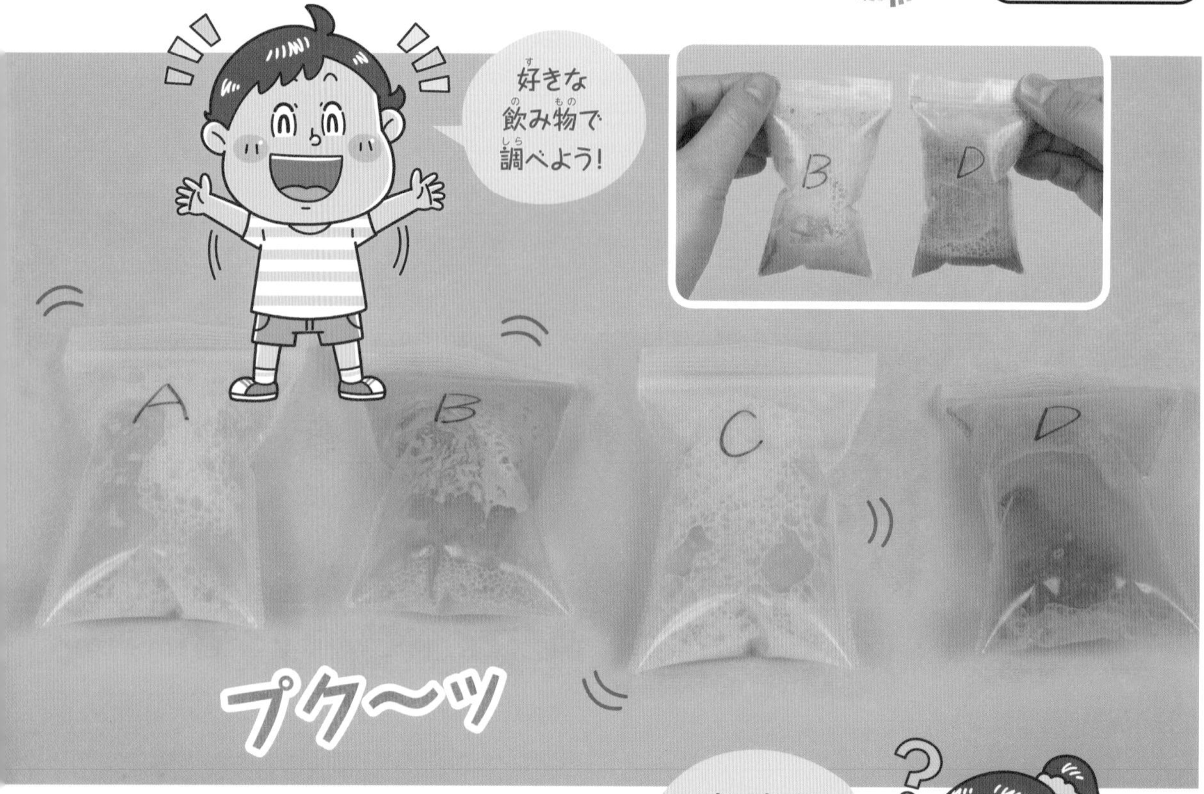
好きな
飲み物で
調べよう!
B
D
A
B
C
D
プク〜ッ

パンパンに
ふくらんで
いるわね。

実験のやりかた

1 飲み物の味見をする

KAGOME
野菜生活
100

まず、調べたい飲み物の味見をする。

用意するもの

糖分を調べたい飲み物
●お湯
ドライイースト
湯せん用の容器
はかり
計量スプーン
温度計
ペン
ジップつきポリぶくろ
（名刺くらいの大きさで、飲み物と同じ数）
ストップウォッチか時計

2 ポリぶくろにイーストと飲み物を入れる

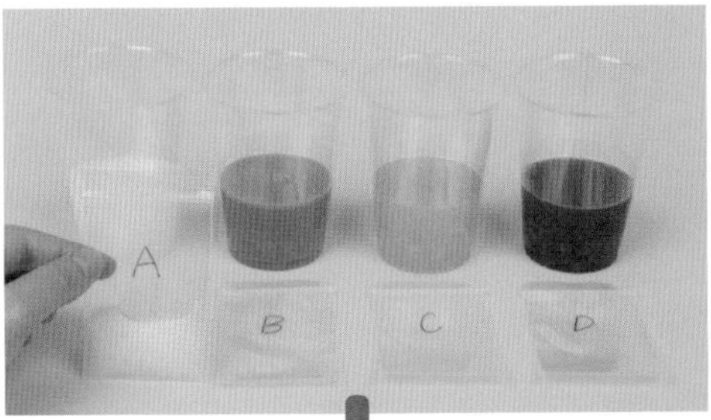

ポリぶくろにドライイーストを1g と調べたい飲み物を10mL ずつ入れ、飲み物の名前を書いておく。

3 チャックをしめる

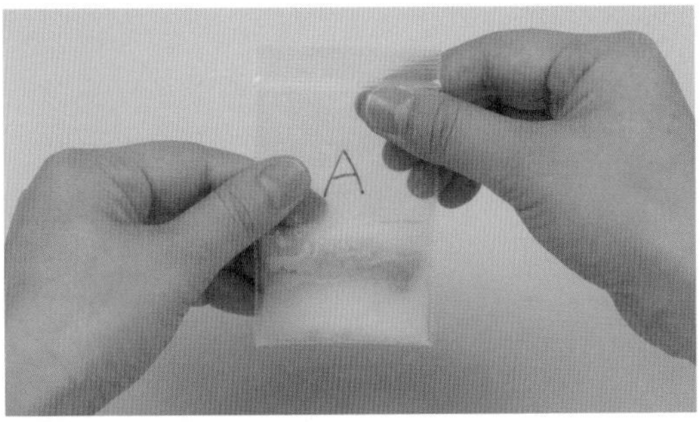

空気をしっかりとぬき、ポリぶくろのチャックをしめる。

4 全体をよくまぜる

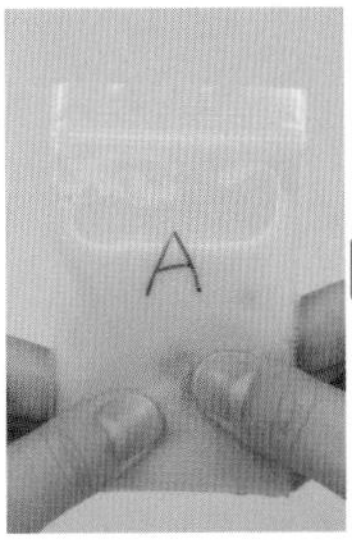

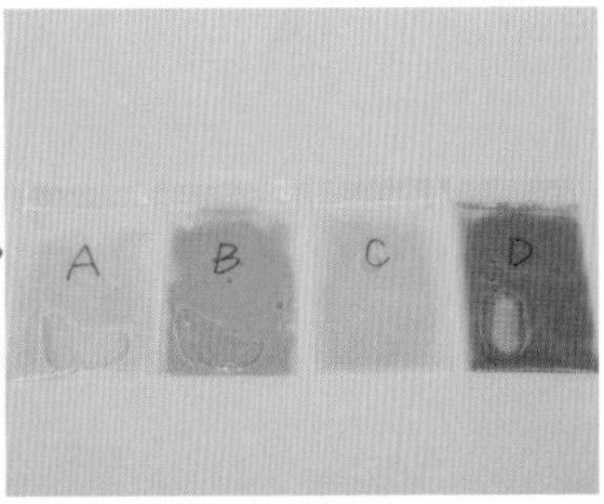

ポリぶくろがやぶれないように気をつけて指でもみ、全体をよくまぜる。全部のふくろの中身を同じようにまぜる。

5 ポリぶくろをお湯にひたす

容器に50℃くらいのお湯を入れ、ポリぶくろをひたして時間をはかる。お湯の温度が35℃以下にならないように、ときどきお湯をつぎたす。

6 ポリぶくろを観察する

糖分があるものを入れたふくろは、2分くらいたつとあわが出はじめ、約15分後にパンパンにふくらむので、はれつしそうになったらポリぶくろの口をあける。

7 ふくろのふくらみぐあいを調べる

ふくろを取り出して、それぞれのふくろのふくらみぐあいをさわってくらべよう。

味見をしたとき、どれがあまかったかな？ どれがふくらむと思う？ 予想して実験するとおもしろいね。

ためしてみよう！

チャレンジ 飲料には、スポーツ系飲料、紅茶、ジュースなど、いろいろな種類があるよ。「糖類ゼロ」「あまさひかえめ」「カロリーオフ」「カロリーハーフ」「低カロリー」などの表示を「強調表示」といい、砂糖などの量が決められた値以下になっているんだ。たとえば、ゼロカロリーは飲料100mLあたり糖類0.5g未満、カロリーオフは2.5g以下だよ。「原材料名」や「栄養成分表示」と「強調表示」をくらべながら実験するとおもしろいよ。どんなことを調べたいか考えて選んで実験してみよう。

実験でサイエンス

▶イースト菌は、砂糖の主成分であるショ糖を食べて自分のエネルギーにし、アルコールと二酸化炭素を出します。このことをアルコール発酵といいます。実験後にふくろの中のにおいをかぐと、お酒のにおいがします。

▶低カロリー甘味料は、砂糖と構造がちがうので、イースト菌は食べることができません。そのため、あまい飲み物でもふくらまないことがあります。

発表のためのまとめ

結果を表にまとめると、わかりやすいね。

調べた飲み物	あまさ	ふくらみかた
飲料A	○	◎
飲料B	◎	△
トマトジュース	?	?
カロリーオフの紅茶	?	?
カロリーオフの○○	?	?
ゼロカロリー	?	?

実験 6

むずかしさ ★★★

光合成で出る気体は何?

水草が出すあわを集めて、植物が出している気体に酸素が入っているか確かめてみよう。

所要時間 3日

テーマ
光合成
(6年生)

用意するもの

- 500mLペットボトル
- オオカナダモ(アナカリス)
- 水
- 小さじ
- 重そう
- 線香
- マッチ

※オオカナダモは観賞魚店で手に入る。

重曹

光合成で酸素が出たよ!

ポッ

実験のやりかた

1 重そうを入れる

重そう2gを500mLペットボトルに入れる。

2 水を入れる

ペットボトルに水を入れてよくふる。

3 オオカナダモを入れる

オオカナダモをペットボトルに2本くらい入れる。

4 フタをしめる

水をペットボトルの口からあふれるくらい入れ、ペットボトルを軽くおしてへこませながらフタを閉める(7を読んでおこう)。

5 窓辺におく

ペットボトルは写真の程度にへこませる。明るい窓辺におき、3日待つ。

6 光合成の観察をする

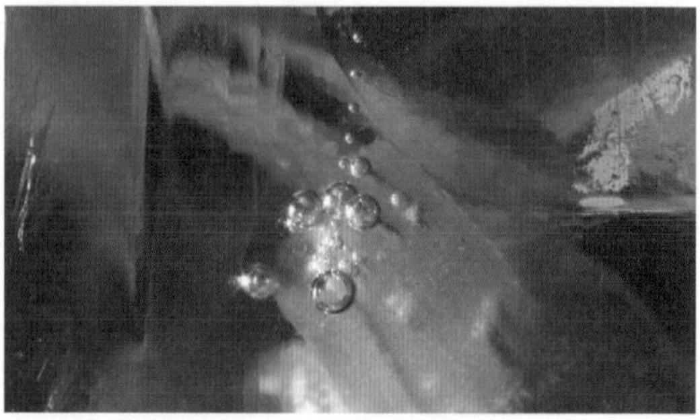

日があたるとさかんに光合成をして、くきの切れ目から泡が出てくる。

7 気体がたまる

３日後、気体がたまったところ。4でペットボトルにへこみが残っていると、フタをあけたとき、まわりの空気が入ってうまくいかないよ。

8 線香の火を入れる

線香に火をつけ、フタを開けて、すばやく線香の先を入れる。先が水につかないように注意する。29ページの写真のように線香が炎を出して明るく輝くことから、水草から出た気体には、酸素が多いことがわかる。

9 水草を引き出す

実験後、はしやピンセットで水草を引き出す。

水草はよく洗えば、水そうで育てることができるよ。

ためしてみよう！

チャレンジ

重そうを溶かすかわりに炭酸水を入れたものや、人の息をストローで吹きこんだ水を用意して、水だけのときとくらべてみよう。

実験でサイエンス

▶オオカナダモは、水に溶けた二酸化炭素を使って光合成をして、酸素を出します。酸素は水に溶けにくいので、上にたまるのです。酸素が多いと、線香がはげしく燃えます。

発表のためのまとめ

入れる水の種類や日数を変えて、ペットボトルにたまる気体の量を調べよう。

	３日目の気体の量	６日目の気体の量
水だけ	変化なし	変化なし
人の息を吹きこむ	変化なし	上から３cm
重そうを溶かす	上から３cm	上から３cm
炭酸水	変化なし	変化なし

おうちの方へ：炭酸水では、オオカナダモはあまり光合成を行いません。水が酸性だと、水中の二酸化炭素をうまく吸収できないのです。

実験 7

むずかしさ ★★★

ドライアイスで雲をつくろう

ドライアイスから出るけむりを使って、上にもくもくと立ち上がる積乱雲のような雲をつくってみよう。

所要時間 20分

テーマ 雲（5年生）

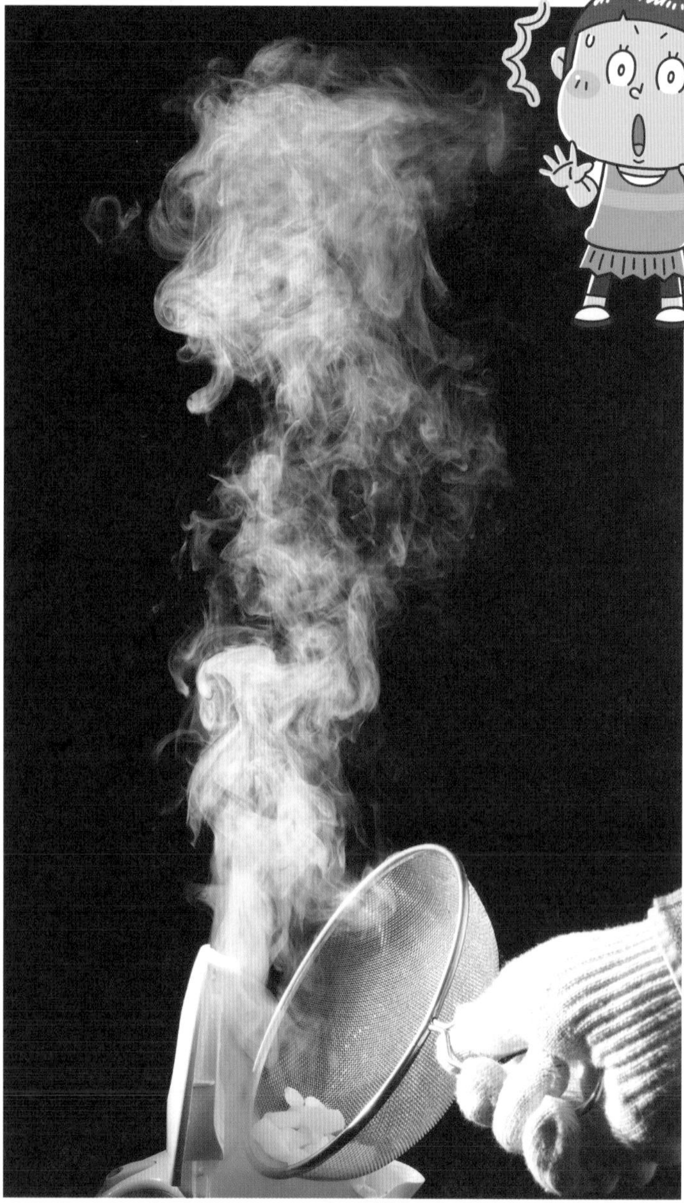

雲が上にどんどんのぼっていくよ!

実験のやりかた

1 白くないかべをさがす

白くないかべの前で実験しよう。白いかべの前でおこなうと、雲が見えにくいよ。かべに、黒画用紙や黒いビニールぶくろなどをテープではってもいいね。

2 ドライアイスを小さくする

ドライアイスを新聞紙で包み、段ボールの上にのせてハンマーでたたき、2cm角くらいの大きさになるまでくだく。必ず軍手をはめて、外でおこなうこと。

⚠ 軍手は、実験が終わるまではずさないようにする。軍手がぬれたときは、すぐにかわいている軍手にかえよう。

おうちの方へ：ドライアイスは、専用の保管容器以外で密閉しないでください。

⚠ ドライアイスは、換気の良い場所であつかおう。

用意するもの

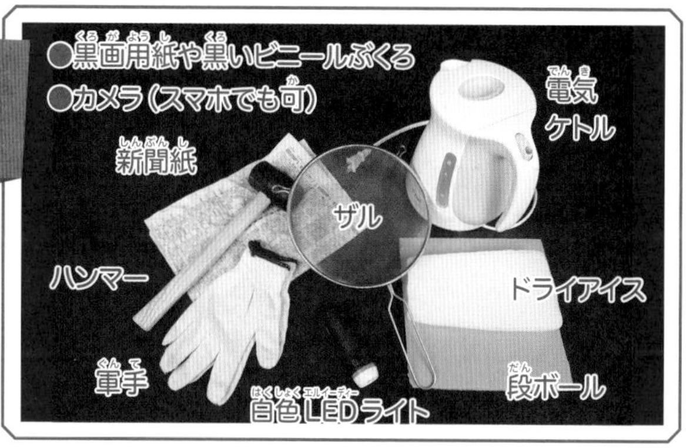
●黒画用紙や黒いビニールぶくろ
●カメラ（スマホでも可）
電気ケトル
新聞紙
ザル
ハンマー
ドライアイス
軍手
白色LEDライト
段ボール

3 お湯をわかす

電気ケトルでお湯をわかす。お湯がわいたら、実験する場所にケトルを持っていき、ふたを開ける。

4 雲をつくる

ザルに、くだいたドライアイスを10個くらい入れ、ケトルの上にかざしてみよう。うまく雲ができるかな。

電気ケトルがない場合は、IHコンロとフライパンを使って実験できるよ。水を入れたフライパンをIHコンロで温め、ふっとうしたら電源を切り、湯気が落ちつくまで30秒くらい待とう。やけどに注意！

雲が少なくなったら、お湯をもう一度わかそう。ライトで照らして雲の写真や動画をとってもいいね。

ためしてみよう！

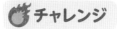

チャレンジ ドライアイスをのせていないときの湯気とのちがいを、くらべてみよう。ドライアイスを氷にかえると、雲はできるかな。

実験でサイエンス

▶湯気には、液体の水の小さいつぶと、水蒸気がまじっています。水蒸気はとう明で、たくさんの液体の小さいつぶは白く見えます。

▶水蒸気は冷やされると、液体の水にもどります。夏にあたためられた空気が一気に空の上にのぼって積乱雲ができると、夕立になるのはこのためです。

発表のためのまとめ

ドライアイスでつくった雲を写真にとり、実際の雲の写真とくらべ、気づいたことをまとめよう。雲の立ち上がりかた（白いけむりの動きかた）を絵にかいて、絵を見せながら説明しよう。

実際の雲

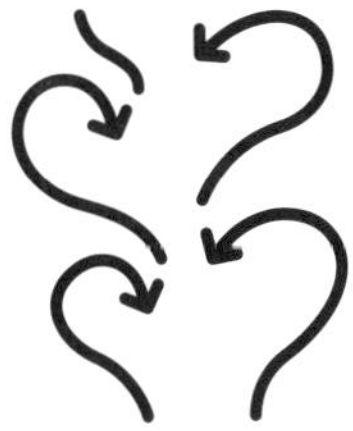

雲の立ち上がりかた

実験 8
むずかしさ ★★★

海底火山ドレッシングをつくろう

色の玉が上へ行ったり下へ行ったりと不思議な動きをするよ。酢の色の変化も観察しよう。

所要時間 2時間

テーマ
酸性・アルカリ性（6年生）

火山がふん火しているみたいだね。

用意するもの

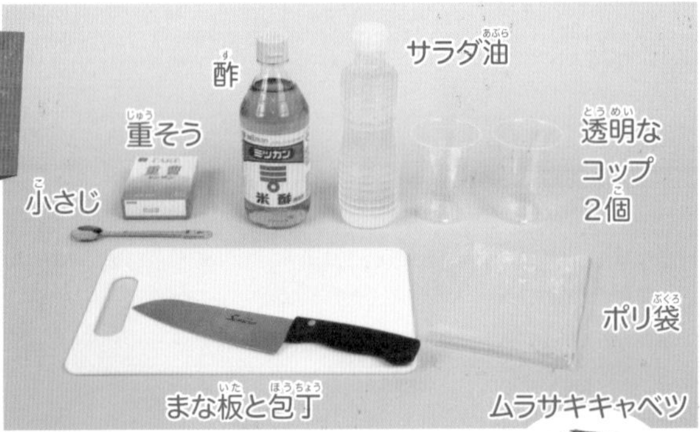

酢
サラダ油
重そう
透明なコップ2個
小さじ
ポリ袋
まな板と包丁
ムラサキキャベツ

※ムラサキキャベツが手に入らないときは、ナスの皮の表面に傷をつけたもの（クシャクシャにしたアルミホイルで皮をこすったもの）を使う。

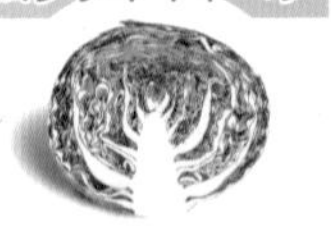

油
酢

実験のやりかた

⚠ 包丁で手を切らないように注意しよう。
小さい子どもは、おうちの人に切ってもらおう。

1 キャベツを切る

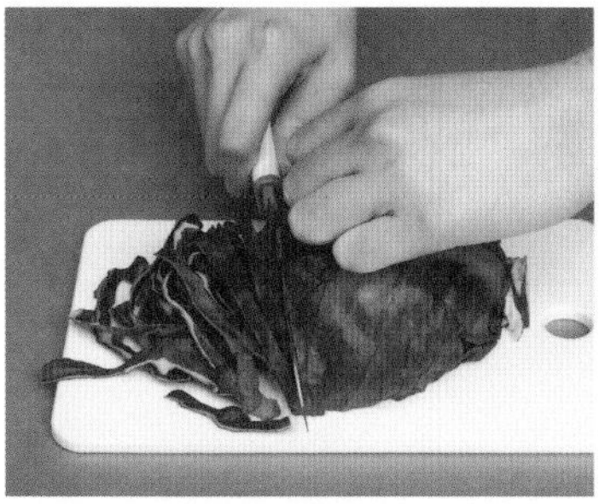

ムラサキキャベツを太めの千切りにする。

2 酢を加える

切ったムラサキキャベツをポリ袋に入れ、酢を加えてよくもむ。

3 酢をコップに移す

赤紫色になった酢をコップに移す。

4 油の入ったコップに入れる

もう1つのコップに油を入れてから、赤紫色の酢を流し入れる。酢と油は同じ量にしよう。

5 重そうを入れる

小さじ1杯の重そうを入れる。

6 あわが出る

酢から、シュワシュワとあわが出てくる。

7 さらに重そうを入れる

さらに、小さじ2杯の重そうを入れる。

8 あわがわき上がる

大きなあわがわき上がってくる。

9 油が下になる

油の層とピンクのあわの層がひっくり返り、油の層が下になる。

10 玉が落ちる

ピンク色の玉が落ちてくる。

11 玉の色が変わる

色玉がだんだん紫色に変わり、雨のようにふってくる。

12 酢の色が変わる

酢が紫色から青紫色に変化する。

ためしてみよう！

チャレンジ 細長い容器やチューブでもやってみよう。すごく長く反応が続くよ。

実験でサイエンス

▶反応で出たあわは二酸化炭素です。反応が進むにつれて、液は中性に近づき、紫色になります。重そうが多くなると、玉の色がより青くなり、重そうの量によって色が変わることがわかります。

発表のためのまとめ

酢と重そうの量を変えて色玉の変化を観察し、表にまとめてみよう。ちょうどよい量の組み合わせを見つけて、みんなの前で実験してみると、もりあがるよ。

		重そう(小さじ)		
		2杯	3杯	4杯
酢(mL)	50	?	○☆	?
	100	?	◎☆	?
	150	?	◎	?

◎:10分以上色玉が動いた　○:5分ぐらい色玉が動いた
△:1分ぐらい色玉が動いた　☆:酢と油の上下が逆転した

実験 9

むずかしさ ★★★

オリジナル立体写真を見よう

写真が飛びだして見える立体写真。デジタルカメラがあれば、かんたんにとれるよ。さあ、チャレンジしよう!

所要時間 1日

テーマ
人の体のつくりとはたらき
(6年生)

上の写真も立体視できるよ。
両目に虫めがねをあてて、
距りを調節して見てみよう。

実験のやりかた

1 デジタルカメラで写真をとる

デジタルカメラで、2枚の写真をとる。このとき、1枚は右目の前にカメラをかまえてとり、もう1枚は左目の前にかまえてとる。

用意するもの	
●デジタルカメラ	●プリンター
●虫めがね　2個	●高さ調節用の本　数冊
●プラスチックの水そう（あるいは昆虫飼育ケース）	

⚠絶対に、虫めがねで太陽を見てはいけないよ。

2 写真を印刷する

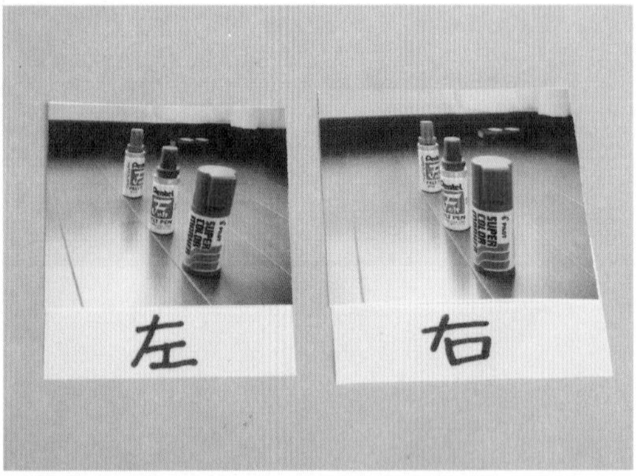
左
右

2枚の写真をプリンターで名刺サイズほどの大きさに印刷する。

近くにあるものをとるほうが、立体的に見えやすいよ。机の上に、たて一列に好きなものを並べてとってみよう。

3 写真をセットする

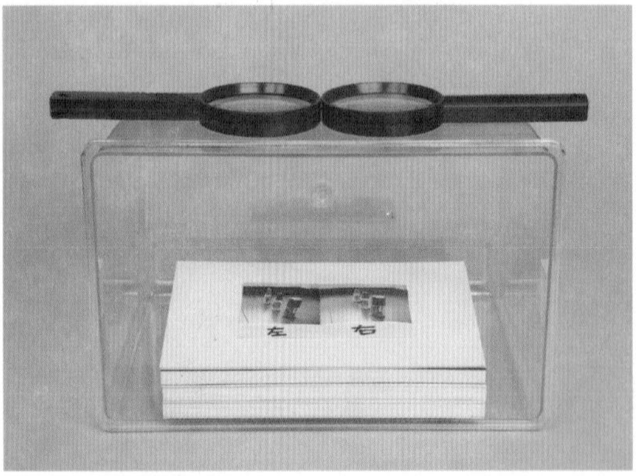

虫めがね2個と、プラスチックの水そうを準備して、写真のようにセットする（簡易ビューアー）。写真は、左目でとったものを左に、右目でとったものを右に、きちんと並べておく。

4 ピントを合わせる

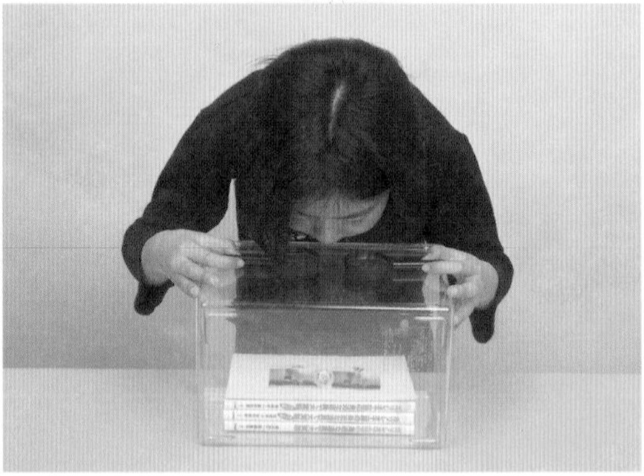

片目をつぶってのぞき、写真がはっきり拡大して見えるようにピントを合わせる。ピントが合わないときは、写真の下に本などを入れて高さを調整する。

5 立体写真を見る

両目で見て虫めがねを動かして調整する。3つ見える写真のまん中の写真が視野の中央で重なったときに立体写真として見える。うまく見えないときは、写真を動かして、中央で写真がうまく重なって見えるように調整をしよう。

ためしてみよう！

立体写真が見えたら、
こんなこともしてみよう。

チャレンジ❶

左右の写真を入れかえると、
どうなる？

右
左

チャレンジ❷

左右両方に左目の写真をおいても立体的に見えるかな？

左
左

実験でサイエンス

- 物が立体的に見えるのは、左右の目で別々に見た映像を、脳の中でまとめて１つの映像として重ねて認識するからです。
- 左右の映像を入れかえたり、同じ映像にすると、立体的に見えなくなります。

発表のためのまとめ

①左右の目で見ている像がちがうことを、みんなにも体験してもらおう。

※えんぴつ２本を写真のように目の前でもち、左右の目を片目ずつ交互につぶってみよう。えんぴつの見えかたが左目と右目でちがうことがわかるよ。

②何人かに実際にビューアーをのぞかせてあげよう。

③見えかたを表にまとめよう。

写真	見えかた
左　右	立体的に見える
右　左	？
左　左	？

ほかにもこんな実験があるよ！

コラム

実験① 蛍光灯を光らせる

用意するもの 蛍光灯、塩化ビニルパイプ、ティッシュペーパー、ガムテープ

蛍光灯とパイプをガムテープでとめ、ティッシュでパイプを何度かこする。暗い部屋でやると、静電気で蛍光灯が光る。

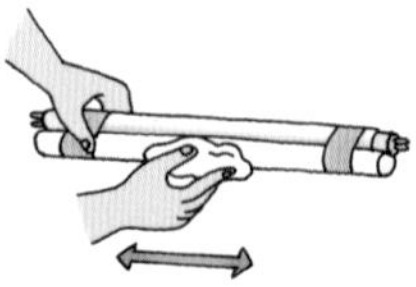

⚠ 蛍光灯は落としてわらないように気をつけて。

ためしてみよう！ ティッシュのかわりに、木綿・ウール・化学せんいなどの布でこすって、光りかたをくらべよう。

実験② 水てきでテレビ画面を拡大して見る

用意するもの テレビ（またはパソコンのモニター）、水

指先に水をつけて、テレビ画面にさわり水てきをつける。水てきに顔を近づけていくと、水てきに赤・緑・青のもようが見える。

⚠ 長い時間やると目によくないよ。機器に水をかけないようにしよう。

ためしてみよう！ 画面が何色のとき、3色がはっきり見えるだろう。

実験③ 川の中にある石のうらを見てみよう

用意するもの 川に入れる服装、くつ

川の中のできるだけ大きな石をうら返す。石に生き物がついていることがある。生き物のために、石はもとどおりにしよう。

⚠ 川に流されないように、必ず大人の人についてもらおう。

ためしてみよう！ 上流と下流、水質によって生き物の種類がちがうよ。いろいろな場所で調べてみよう。

実験④ 空中に止まるしゃぼん玉

用意するもの ドライアイス、しゃぼん液、プラスチック水そう、新聞紙、ストロー、軍手

ドライアイスを新聞紙をしいた水そうに入れ、しばらくおく。その中にしゃぼん玉をふきこむと、これが空中で止まる。

ためしてみよう！ 大きいのと小さいのでは、どちらがうかびやすいかな。しゃぼん玉はだんだんとふくらんでいないかな。

実験⑤ 紙パックからうず輪を出す

用意するもの ドライアイス少量、1L紙パック1本、40℃くらいのお湯、せんたくばさみ、軍手

紙パックにまるい穴をあけ、中にドライアイスと少量のお湯を入れる。口をせんたくばさみで閉じ、穴と反対側の側面を指でたたく。

ためしてみよう！ ろうそくの火をドライアイスのうず輪でねらい、消してみよう。

⚠ ドライアイスのあつかいかたは、32・33ページを見て注意してね。

観察

観察をするときに気をつけること

- 観察では、どのように記録し、まとめるかがポイントになるよ。絵がいいか、表にするのがいいか、写真やビデオがいいかをよく考え、道具を準備してから観察をはじめよう。
- 観察した結果から気づくことはなんだろう。自分の考えをもち、なぜそう思ったのかをくわしく書いてみよう。
- 夜の観察は危険なので、必ずおうちの人といっしょに行うようにしよう。
- 虫めがねを使うときは、絶対に虫めがねで太陽を見ないこと。

観察1
むずかしさ
★☆☆

酢で溶ける白い物を探そう

酢で溶けるとあわが出てくる物を探そう！　炭酸カルシウムをつくり出すのは、生き物であることが多いんだ。

所要時間
1時間

テーマ
酸性の水溶液
(6年生)

わぁ、
いっぱいあわが
出ているね。

観察のやりかた

1 酢が入ったコップに溶かす物を入れる

酢が入ったコップにチョークを入れて、観察する。溶けるとあわが出る。貝がらや石灰石も同じように入れて観察しよう。

チョーク
貝がら
石灰石

用意するもの

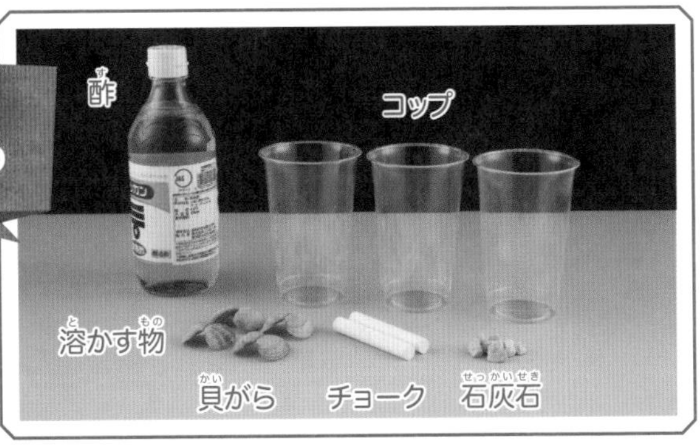
酢
コップ
溶かす物
貝がら
チョーク
石灰石

ためしてみよう！

チャレンジ

酢で溶ける物を探してみよう。卵のから、消しゴム、サンゴの砂（観賞魚店にある）などでもためしてみよう。

どんな物が溶けるのかしら。

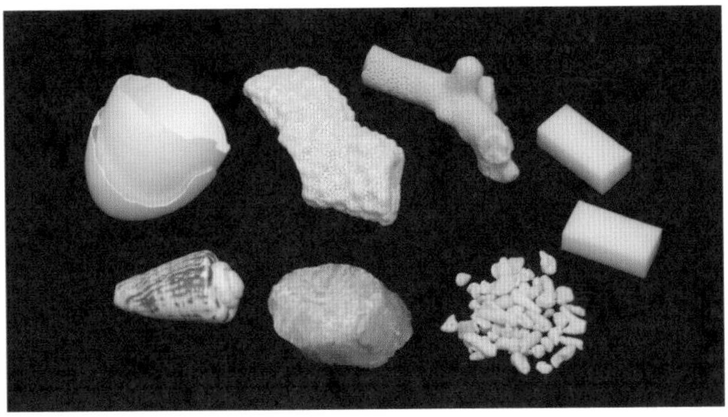

観察でサイエンス

▶酢は酸性で、物を溶かすはたらきがあります。一方、酢で溶けた物の主成分はたいてい炭酸カルシウムという白い物質で、炭酸カルシウムは酢と反応して、あわ（二酸化炭素）を出します。石灰石の主成分も炭酸カルシウムで、昔、海にすんでいたプランクトンの死がいなどが集まった物です。

酢に入れて色の変わった貝がら

入れる前　入れたあと

発表のためのまとめ

右のように表にまとめてみよう。酢で溶けた物に何か共通点はあるかな？

酢でとけた物	酢でとけなかった物
卵のから 貝がら △△△△	ペットボトルのフタ 消しゴム ×× ▲▲▲▲

★☆☆

観察 2
むずかしさ
★★☆

ジャガイモって、根？ くき？

学校で植物のつくりを学習したときに、根・くき・花・葉などを観察したね。私たちが食べているのも植物。私たちは植物のどの部分を食べているのかな？

所要時間
6時間

テーマ
植物の水の通り道
(6年生)

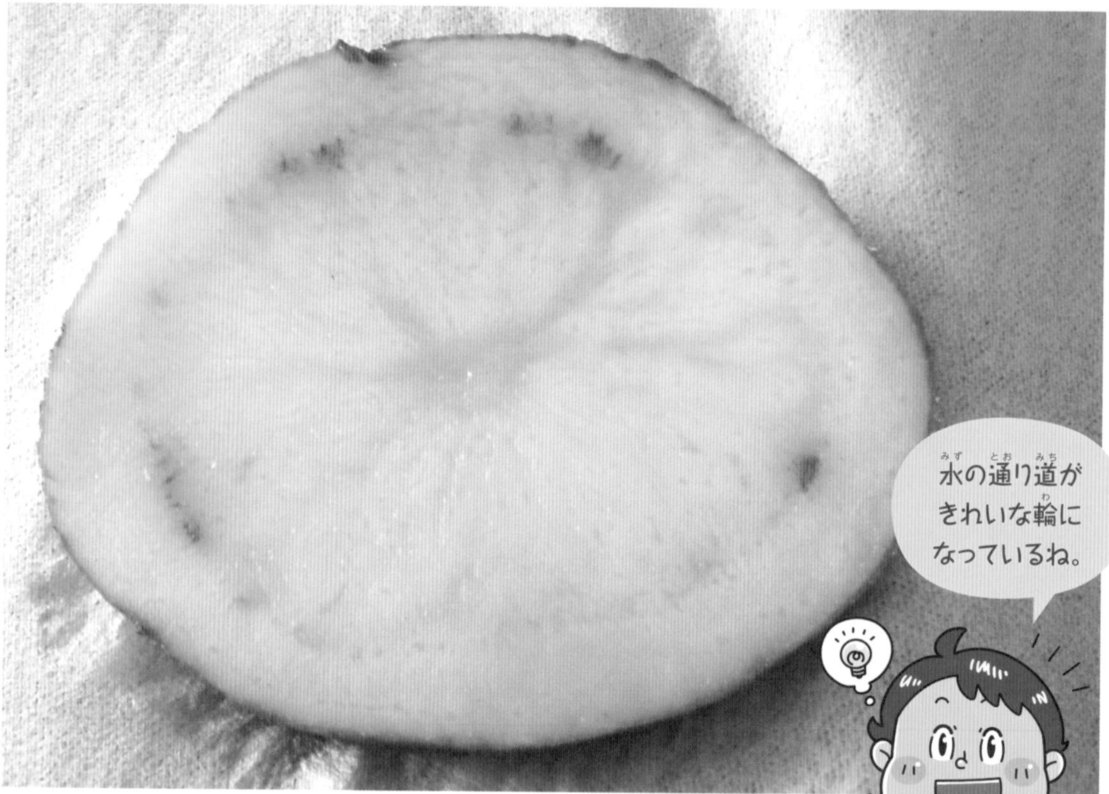

水の通り道がきれいな輪になっているね。

観察のやりかた

1 水に食用色素を溶かす

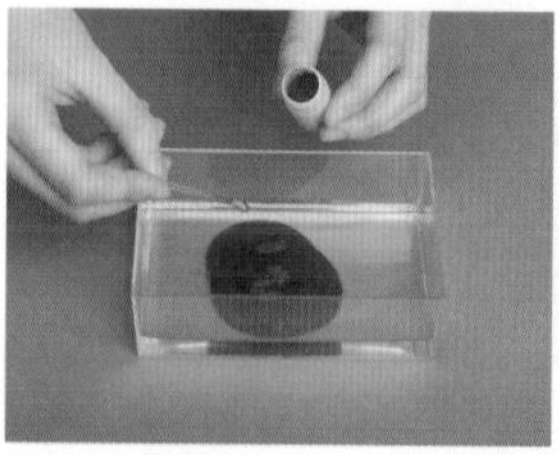

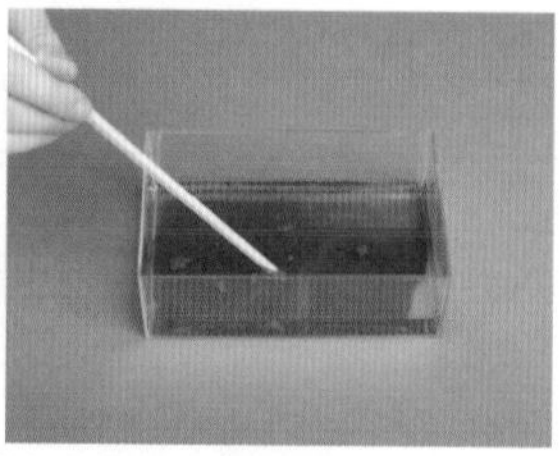

水100mLくらいに食用色素を3杯溶かし、わりばしでかきまぜる。

2 ジャガイモの断面を液につける

ジャガイモを切って、断面を1の液につける。

用意するもの
●ジャガイモ1個　●食用色素（あれば赤がわかりやすい）
●水　●まな板　●包丁　●わりばし
●容器（ペットボトルの下半分を切ったものでもよい）

3 6時間後、断面を観察する

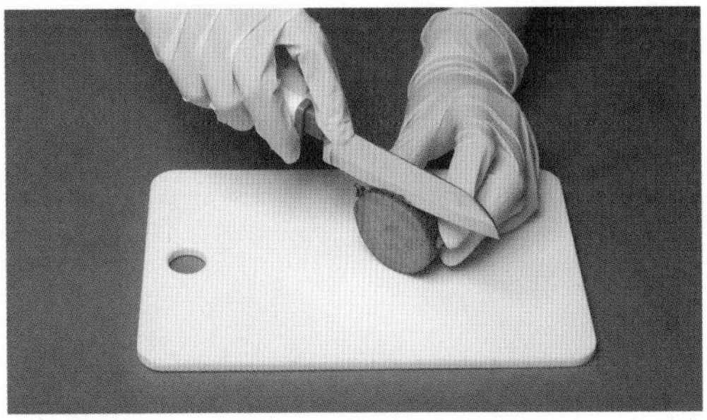

6時間後、取り出し、断面を観察する。写真にとったり、スケッチしたりしよう。つけていた面から1～2㎜のところで切ると、色のつきかたがよくわかるよ。

4 色のつきかたを調べる

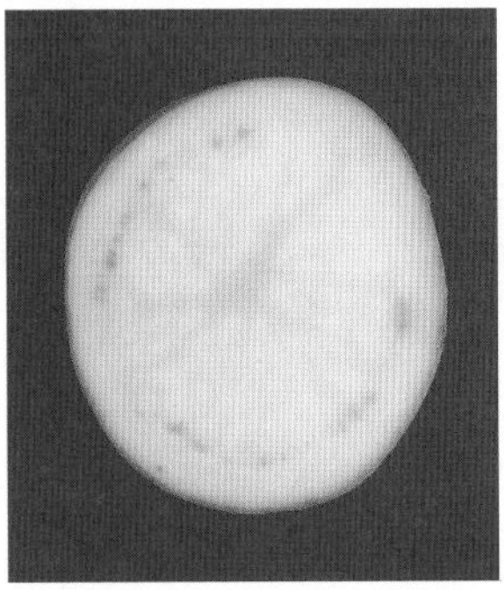

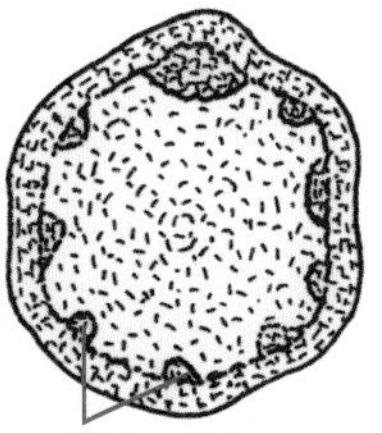
くき
道管の集まり

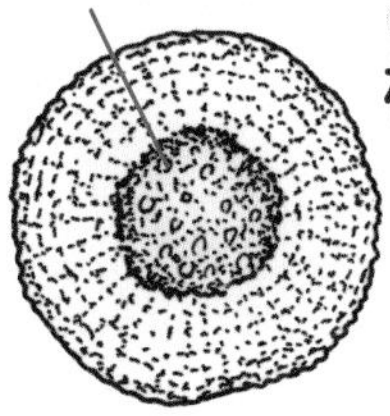
根

どの部分が染まったのか、図とくらべてみよう。

ニンジン、ダイコン、ゴボウ、サツマイモ、レンコンなどの野菜でも同じように観察してみよう。

※ニンジンの場合は青色の色素を使うほうがわかりやすい。

!ジャガイモなどの野菜は、使ってよいかおうちの人に聞いてから使おう。包丁は大人の人といっしょに使おうね。

発表のためのまとめ

着色された部分の様子を写真やスケッチでまとめ、図かんでどの部分かを調べてまとめよう。

観察の結果

ジャガイモ	ゴボウ
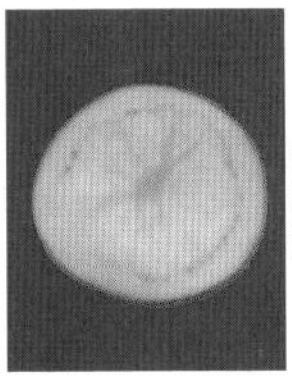 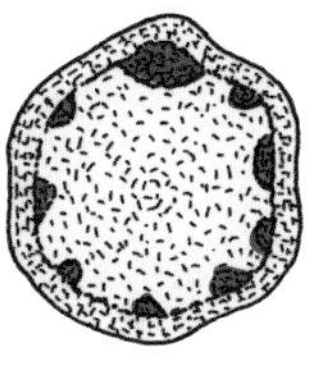	 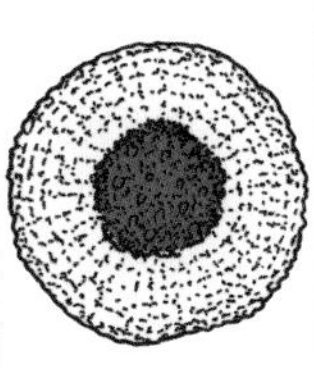

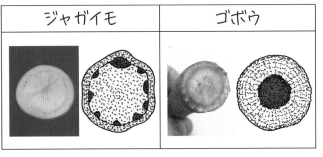

わかったこと　色のつきかたから、ジャガイモは「くき」の部分で、ゴボウは「根」の部分だということがわかった。

観察でサイエンス

▶植物には水の通り道（道管）があり、その通り道が染まっているのです。ジャガイモの染まりかたは、くきの水の通り道の散らばりかたによく似ています。

観察 3

むずかしさ ★★☆

土の中の生き物の呼吸を見てみよう

土の中にはたくさんの生き物がいるよ。とても小さくて、すがたを見ることはできないけれど、しゃぼんまくで生活の様子を見てみよう。

所要時間 4時間

テーマ 呼吸(6年生)

しゃぼんまくが下がってる!

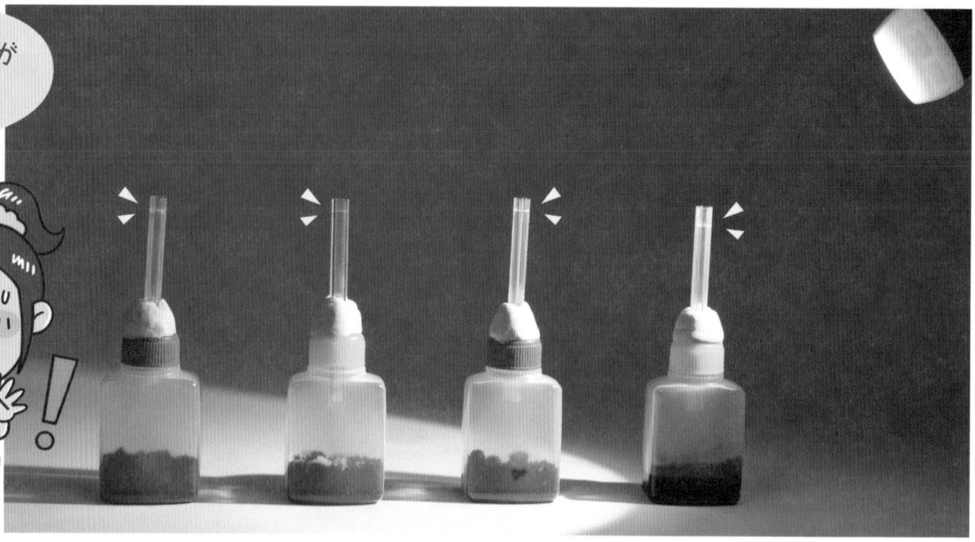

観察のやりかた

1 庭の土をとってくる

砂ではなく、植物が生えていて、じめじめした土をさがそう。

2 たれびんのフタに穴をあける

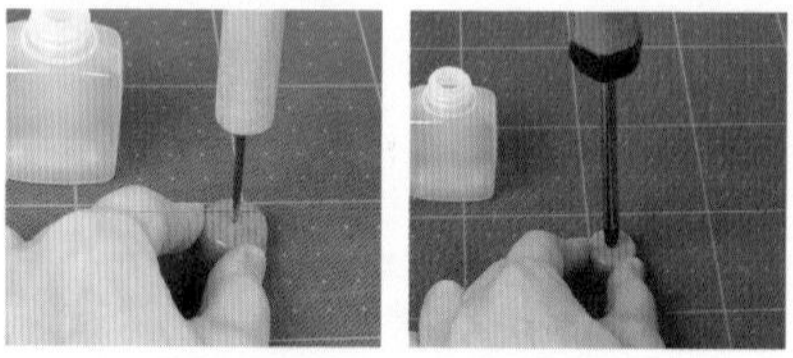

きりで穴をあけたら、プラスドライバーを使って、ストローが通る大きさに広げる。

ろうとに土がつまるときは、竹ぐしでつついて落とそう。

3 フタにストローを差しこむ

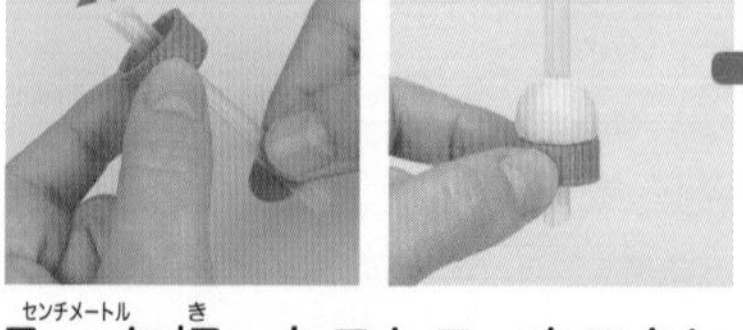
先をななめに切ると
入れやすい

7cmに切ったストローをフタに通し、すきまをねん土でふさぐ。

4 土をよりわける

新聞紙の上に土を広げ、葉や根、石をよけておく。

5 たれびんに土を入れる

たれびんにろうとをのせて土を入れ、フタをする。

※紙を半円形に切り、円すいの形にまいてホチキスでとめ、ろうとをつくる。先をはさみで切っておく。

用意するもの

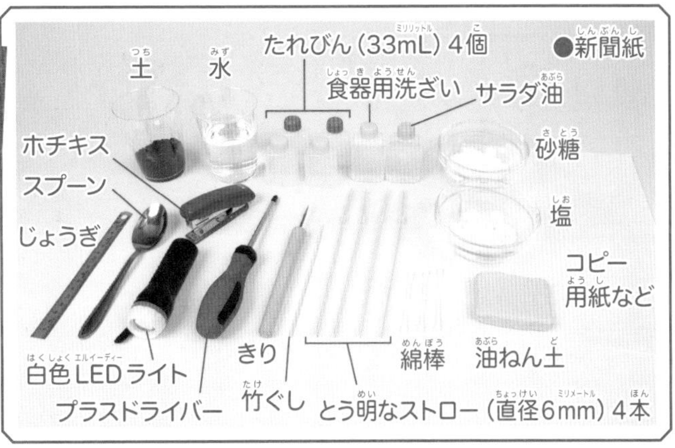

土
水
たれびん（33mL）4個
●新聞紙
食器用洗ざい
サラダ油
ホチキス
砂糖
スプーン
塩
じょうぎ
コピー用紙など
白色LEDライト
きり
綿棒
油ねん土
プラスドライバー
竹ぐし
とう明なストロー（直径6mm）4本

危険な道具を使うので、けがに注意しよう。フタに穴をあけるときは、下にカッターマットなどをしくといいよ。

6 しゃぼんまくをつくる

コップの水に、スプーン3杯の砂糖をとかし、食器用洗ざいを数てきたらす。あわ立たないように、スプーンでゆっくりまぜる。

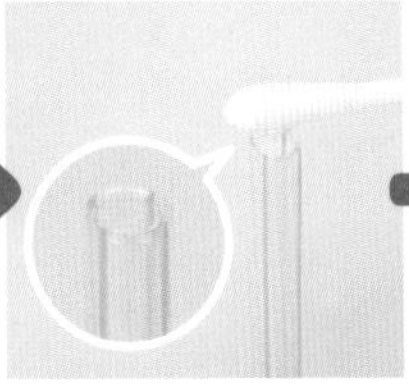

綿棒にこの液をつけて、ストローの上をなぞり、まくをつくる。

7 呼吸を観察する

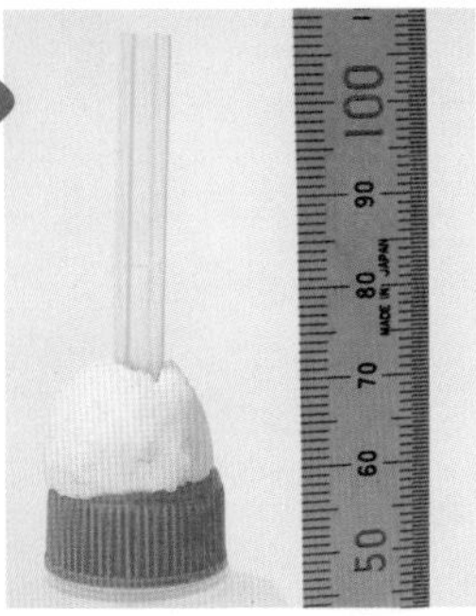

生き物たちが呼吸をすると、まくが下がっていく。見えにくいときは、ライトで照らそう。呼吸がはげしくなるほど、まくは早く下がるよ。どれくらい下がったか、はかってみよう。

ためしてみよう！

家の人に、電子レンジや冷凍庫を使っていいか確かめよう。

チャレンジ①

土に水や塩、油、洗ざいなどをまぜると、呼吸がはげしくなったり、少なくなったりするかな。

チャレンジ②

たれびんごと、土を電子レンジで温めたり、冷凍庫で冷やすと、どうなるかな。

チャレンジ③

草が生えていないところの砂を使って、呼吸の量をくらべてみよう。

観察でサイエンス

▶しゃぼんまくは、酸素を通しませんが、二酸化炭素は通します。たれびんの中の酸素は、呼吸に使われると二酸化炭素にかわり、しゃぼんまくを通ってたれびんから出ていくため、しゃぼんまくはだんだん下がります。

発表のためのまとめ

みんなに、しゃぼんまくが下がる様子を見せよう。観察した日にち、時刻、気温なども書いておこう。

土に混ぜたもの	まくが下がった長さ／時間
なし	2.1cm／△分
水	?cm／△分
塩	?cm／△分
油	?cm／△分
洗ざい	?cm／△分

観察 ④
むずかしさ
★★☆

ミルククラウンをスマートフォンで撮ろう

ミルクがはねたときにできる、王冠に似た「ミルククラウン」をスマートフォンで写してみよう。

所要時間 1時間

テーマ
物の運動
(5年生)

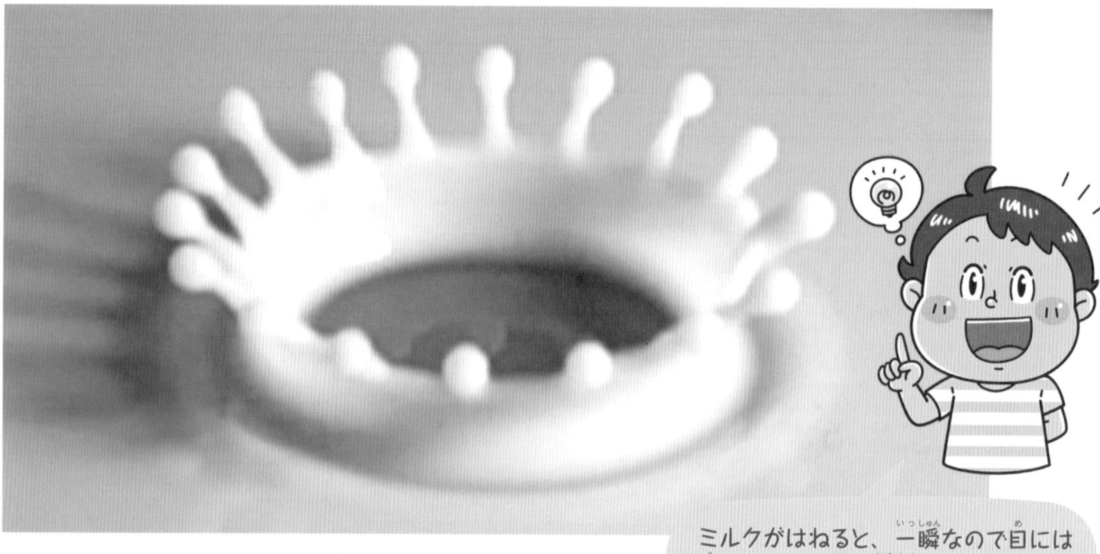

ミルクがはねると、一瞬なので目には見えないけれど、王冠に似た「ミルククラウン」という形ができるんだよ。

観察のやりかた

1 ミルクをのばす

下じきにミルクを数てきたらし、指でうすく広げる。

2 ライトで照らす

LEDライトで、ミルクが広がった部分を照らし、ここにスポイトでミルクをたらす。

3 カメラを用意する

スマートフォンをスローモーション撮影ができるように設定する。

※機種によって設定のしかたが異なるので注意しよう。

docomo
10:10
設定
ヘルスケア
ショートカット
ミュージック
TV
写真
カメラ
ブック
Podcast

「設定」から「カメラ」を選ぶ。

docomo
10:10
設定
カメラ
設定を保持
グリッド
QRコードをスキャン
ビデオ撮影 1080p/30 fps
スローモーション撮影 1080p/24...
フォーマット
HDR（ハイダイナミックレンジ）
自動HDR

「カメラ」から「スローモーション撮影」を選ぶ。

docomo
20:31
カメラ
スローモーション撮影
1080p HD/120 fps
1080p HD/240 fps
1分間のスローモーションは、およそ以下の通りです:
• 170 MB（1080p HD/120 fps）
• 480 MB（1080p HD/240 fps）

「スローモーション撮影」から、120fpsか240fpsを選ぶ。

fpsは「フレーム・パー・セコンド」と読み、1秒間に撮影するコマ数をあらわしているよ。

用意するもの

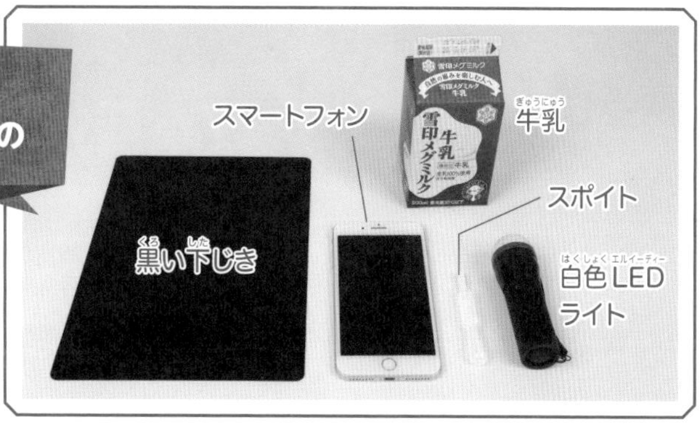
スマートフォン
牛乳
スポイト
白色LED
ライト
黒い下じき

4 撮影しよう

スマートフォンのビデオ撮影モードを「スロー」にし、ボタンを押して撮影を開始する。20～30cmの高さからスポイトでミルクを2～3てきたらしてもらい、撮影をストップする。

タイムラプス
スロー
ビデオ
写真

ミルクの白い部分が明るくなりすぎていたら、ミルクの部分を指でタップして、露出をミルクの明るさに合わせよう。

5 再生してミルククラウンを見つける

撮影が終わったら再生してみよう。画面下の停止ボタン（❚❚）を押し、指の先でコマ送りをしてミルククラウンになっている瞬間を選ぼう。うまく写っていたら、スクリーンショットで写真を保存する。よい写真が撮れなかったら、もう一度撮影してみよう。

⬇240fpsで撮影

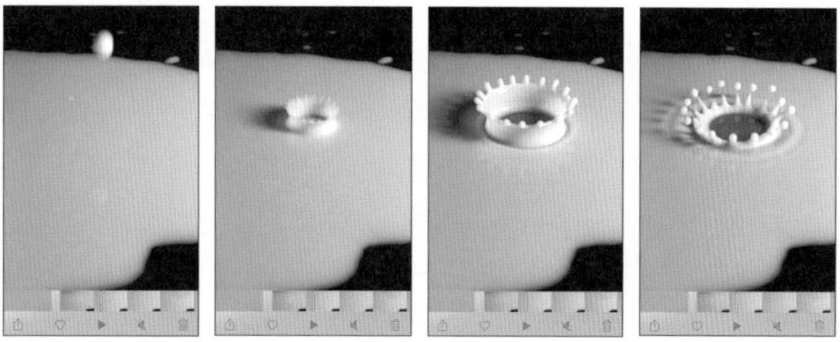

ためしてみよう！

チャレンジ❶

ミルクを落とす高さを変えてみよう。高いとき、低いときでどのように変わるだろう。

チャレンジ❷

ミルク以外の、水、ジュースなどでも王冠の形になるかやってみよう。

観察でサイエンス

▶ミルクのうすい層にミルクの球を落とすと、落ちてきたいきおいでミルクの層が筒のように立ち上がります。立ち上がった筒が下がるときに、その先がまるくなり、王冠の形が生まれます。

発表のためのまとめ

ためしたことを表にして、写真を入れてみよう。

ミルク	水	ジュース
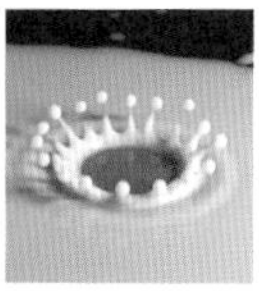	？	？

観察 5

むずかしさ ★★☆

ミクロの世界を探検しよう

ルーペで身のまわりのものを拡大すると、あっとおどろく発見があるよ。その発見をスマートフォンのカメラで写してみよう。

所要時間
4時間

テーマ
虫めがねやけんび鏡で観察
(5年生)

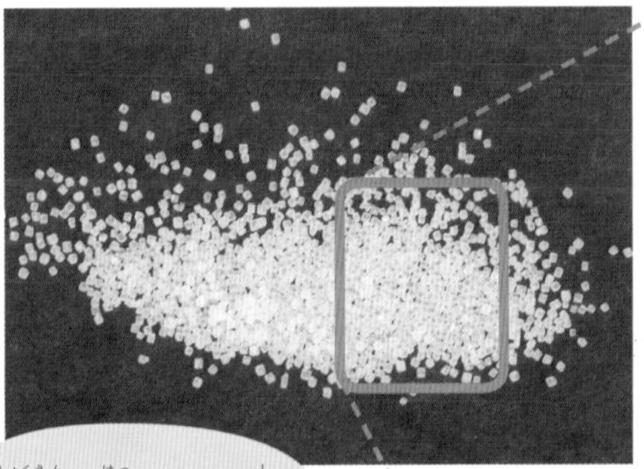

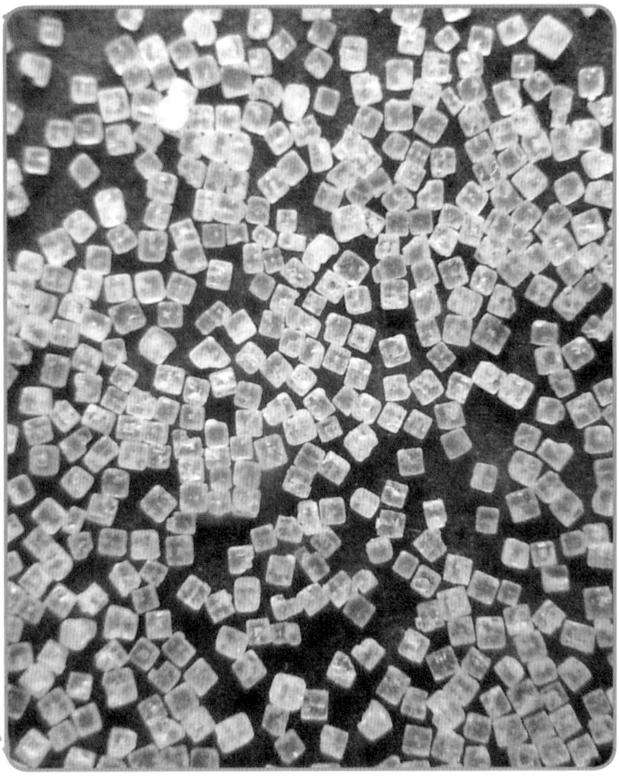

食塩の結しょうは四角い形をしているんだね。

観察のやりかた

1 塩を用意する

懐中電灯で食塩を照らす。

※懐中電灯の先に白いレジぶくろをつけておくと、見やすい写真がとれる。

2 虫めがねで見る

これを虫めがねで見てみよう。どんなふうに見えるかな？

ピントをしっかり
合わせてから写そう。

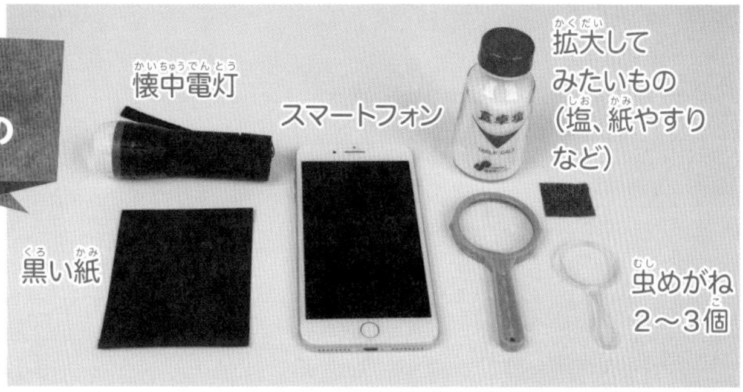
用意するもの
懐中電灯
スマートフォン
拡大してみたいもの（塩、紙やすりなど）
黒い紙
虫めがね2〜3個

3 スマートフォンのカメラでとる

虫めがねの中心にスマートフォンのカメラのレンズを合わせてとってみよう。

4 写真を大きくして見る

拡大機能を使って写真をさらに大きくして見てみよう。

ためしてみよう！

チャレンジ❶

虫めがねを重ねる枚数を増やすと、像の大きさはどう変わるかな。

チャレンジ❷

砂糖や小麦粉など、白い粉を探して拡大して、つぶの大きさや形はどうなっているかを調べてみよう。

観察でサイエンス

▶食塩のつぶは、目ではただの白いつぶに見えますが、拡大すると立方体をしていることがわかります。花のおしべの先に花粉がついているところなどを拡大するとしくみがよく見えてきます。いろいろなものを拡大してとってみましょう。

発表のためのまとめ

定規の目盛りを同じ方法でとり、写した写真とくらべてみよう。写したものがどのくらいの大きさなのか、何倍になっているのかがわかるよ。

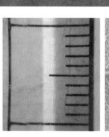

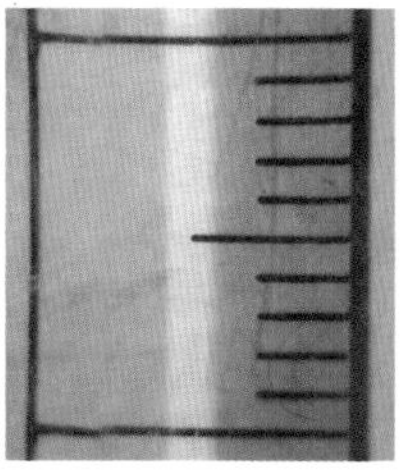

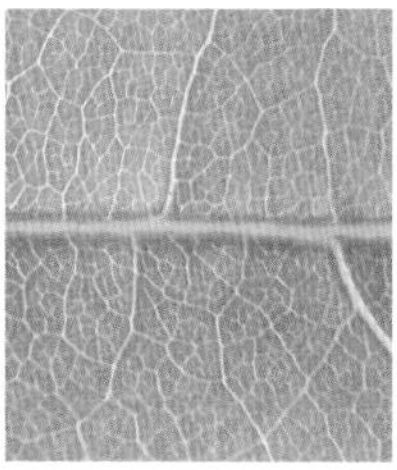

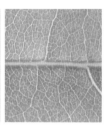

はかったもの	大きさ
葉の太い葉脈	約 0.5mm
食塩の結しょう	？mm
？	？mm

観察6
むずかしさ ★★☆

空を見上げてつくろう！雲ビンゴ

毎日、空を見上げて雲の写真をとろう！　きっと、いろいろな雲がみつかるよ。みつけた雲でビンゴゲームをして、家族や友だちと勝負！

所要時間 1か月

テーマ 雲と天気の変化（5年生）

ひこうき雲
7月○日
○×学校
くもり雲
7月○日
○×学校
ひつじ雲
9月○日
○×学校
スペシャルな雲
8月○日
自宅
わた雲
8月○日
○×学校
スペシャルな雲
8月○日
○×山
にゅうどう雲
8月○日
○×学校
すじ雲
9月○日
○×学校
あま雲
8月○日
○×公園

ゆうやけ雲

雲の写真がみんなそろったね！

ビンゴカードのつくりかた

1 雲の種類と名前を調べる

本やインターネットなどで雲の種類と名前を調べる。代表的な雲は世界共通で10種類あり、正式な名前も決められているよ。もちろん、それ以外にもたくさんの雲の種類があり、日本名もいろいろあるんだ。

9つの雲の例

- ひこうき雲（ひこうきが通ったあとにできる、まっすぐな線のような雲）
- くもり雲（くもった日のどんよりとした雲）
- ひつじ雲（空の低いところにできる、ひつじの群れのような雲）
- スペシャルな雲（動物の形に見えるなど不思議な雲ならOK！）
- わた雲（よくあるもこもこした雲）
- にゅうどう雲（夏によく出てくるかみなり雲）
- すじ雲（空の高いところにできる細い線のような雲）
- あま雲（雨の日の暗い雲）
- ゆうやけ雲（夕方、西の空に見える赤みがかった雲）

用意するもの

- デジタルカメラ（またはスマートフォン）
- 写真が印刷できるプリンター
- 画用紙
- ペン

2 夏に見られる雲を9つ選ぶ

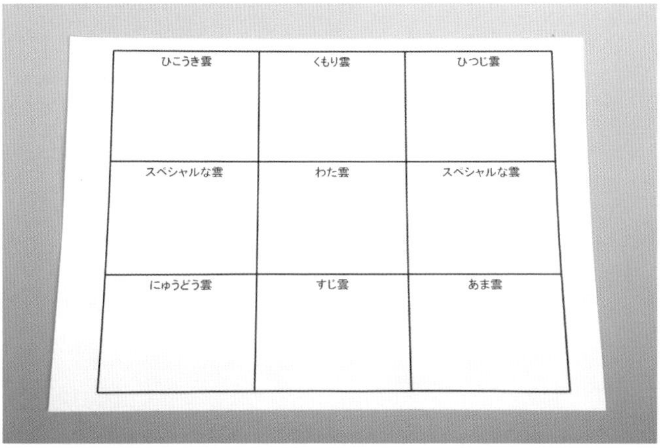
ひこうき雲
くもり雲
ひつじ雲
スペシャルな雲
わた雲
スペシャルな雲
にゅうどう雲
すじ雲
あま雲

調べた雲の中から、夏に見られそうな雲を９つ選んで決める。見なれてこないと、すぐにはっきりと名前が決められない雲もあるので、見てわかりやすい雲の種類を選ぼう。それを画用紙に、左の写真を参考に好きな位置にかきこみ、ビンゴカードをつくる。ビンゴ対決をする場合は、雲の名前の並びかたを変えた紙を人数分、用意する。

3 雲の写真をとる

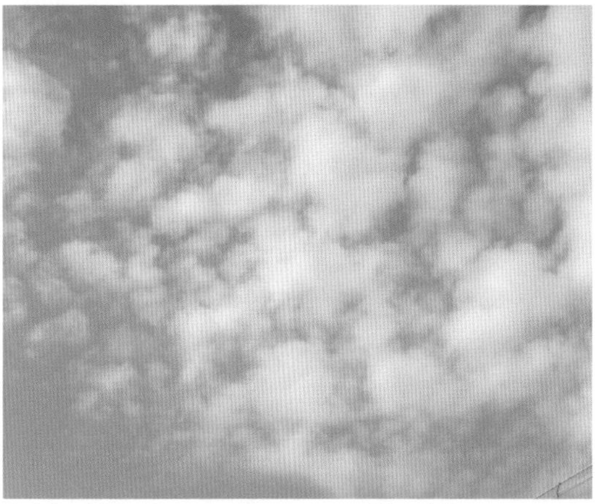

毎日、空を見て、いろいろな雲を探す。ビンゴカードの中にかいた雲が見つかったら写真をとる。カードの中にない雲の写真もとっておくと楽しいいし、まとめの発表に活用することができるよ。

4 雲の写真をビンゴカードにはる

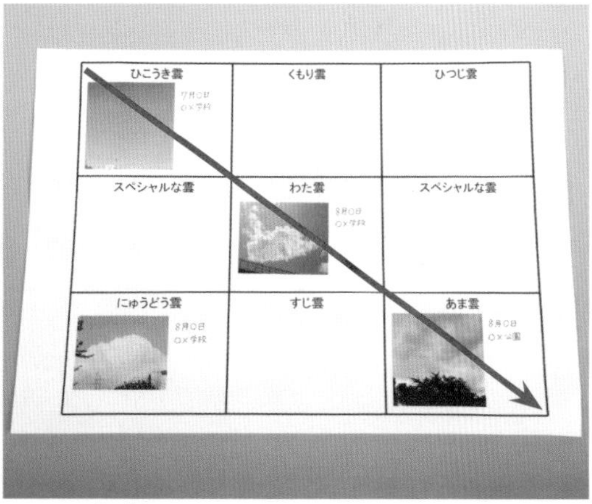
ひこうき雲
くもり雲
ひつじ雲
スペシャルな雲
わた雲
スペシャルな雲
にゅうどう雲
すじ雲
あま雲

とった写真は、プリントしてビンゴカードにはりつける。見た場所と日にちもかいておこう。たて、横、ななめに写真がそろえばビンゴになるよ。１か月でいくつのビンゴができるか挑戦しよう。

5 雲をよく観察する

１日のうちでも、雲の種類はどんどん変わっていくので、同じ日にも何回か空を見よう。

旅行などに行ったときにも空を見てみよう。場所によって見られる雲が変わるかどうかも大切だよ。

観察 7

むずかしさ

★★☆

にょう素で結しょうをつくろう

にょう素の結しょうは、まるで生き物のように成長するんだ。できあがった結しょうは、木の模型みたいだよ。

所要時間 2日

テーマ

結しょう（5年生）

結しょうの木がどんどん大きくなっていくね。

用意するもの

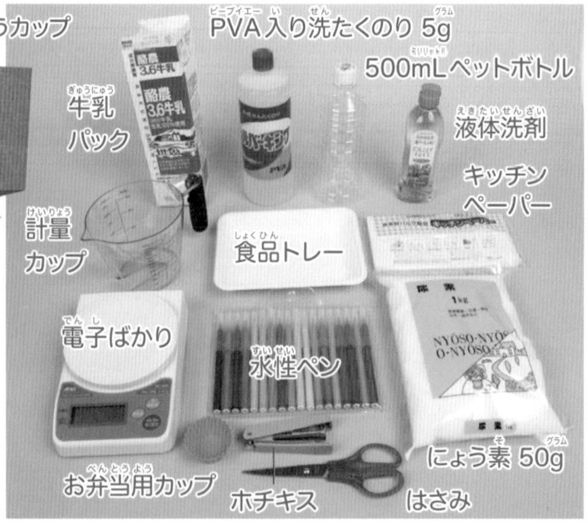

●おべんとうカップ
PVA入り洗たくのり 5g
500mLペットボトル
牛乳パック
液体洗剤
キッチンペーパー
計量カップ
食品トレー
電子ばかり
水性ペン
にょう素 50g
お弁当用カップ
ホチキス
はさみ

●水 50mL

※にょう素は薬局で買える。園芸店では肥料として売られている。

にょう素は水にとけるときに熱をうばうので、とても冷たくなるよ。

観察のやりかた

1 にょう素と水をはかる

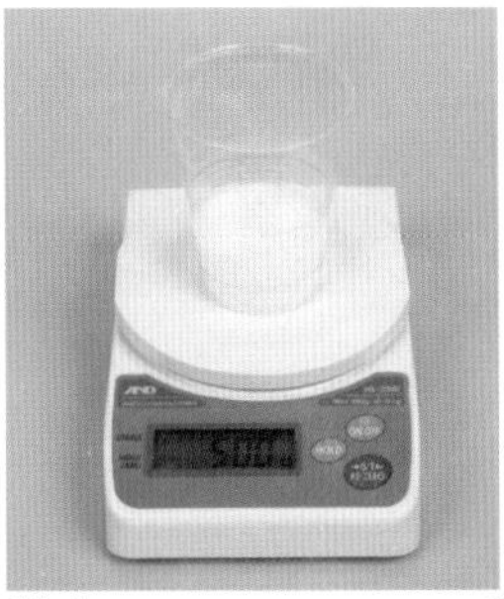

電子ばかりでにょう素50gを、計量カップで水50mLをはかる。

2 にょう素を水にとかす

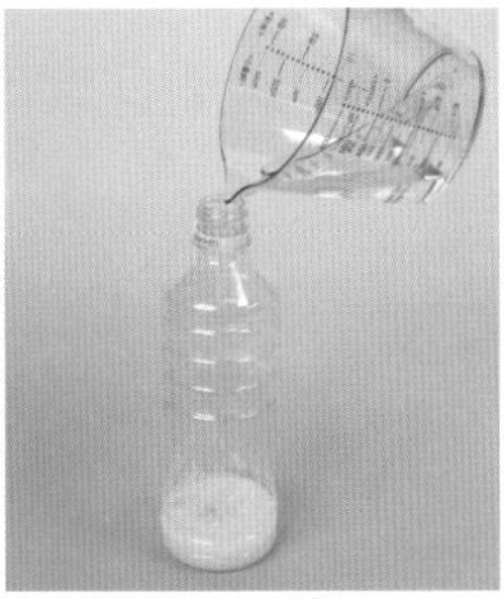

にょう素と水をペットボトルに入れ、よくふってとかす。

3 キッチンペーパーに色をつける

キッチンペーパーを長方形（5cm × 15cm）に手で切り、水性ペンで色をつける。

4 牛乳パックと重ねる

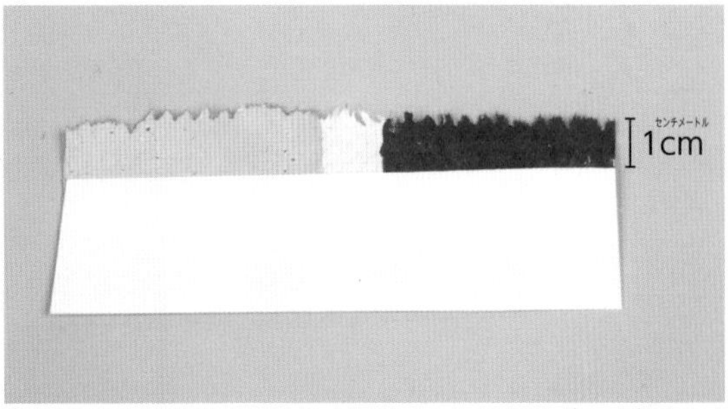
1cm

牛乳パックをキッチンペーパーよりも少し小さく（4cm × 15cm）切り、キッチンペーパーと重ねる。

5 ホチキスでとめる

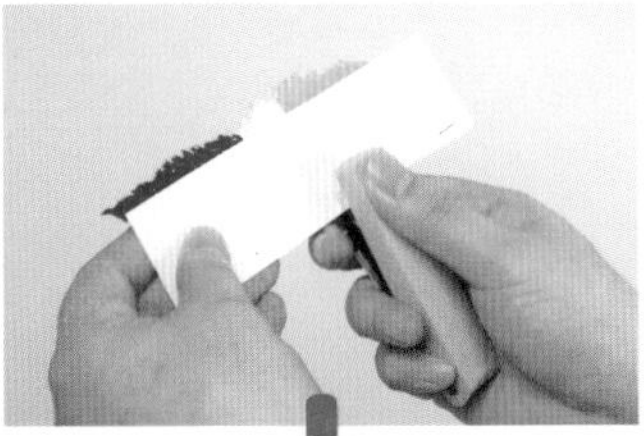

牛乳パックとキッチンペーパーをホチキスで数か所とめる。

6 まいてカップに立てる

⑤をうずまき状にまるめてカップに立てる。

7 液体洗剤を加える

にょう素をとかした液体に、PVA入り洗たくのり5g（ペットボトルのキャップ約1杯）と液体洗剤1てきを入れる。容器はふらずに、静かにゆらし、10分間おいてなじませる。

おうちの方へ：尿素を扱った後は、手をよく洗うようにしてください。あまった尿素は肥料として活用しましょう。

8 液を注ぐ

6を食品トレーにのせ、7の液をカップがいっぱいになるように注ぐ。

9 半日ほど様子を見る

そのまま半日ほど待ち、様子を見る。気温や湿度によって、できる早さはちがってくるが、約半日で結しょうができはじめる。

ためしてみよう！

いろいろなものに液をたらして、かわかしてみよう。どんな結しょうができるかな？

チャレンジ❶

プラスチックの板に液をうすく広げる。ドライヤーで1～2分加熱し、結しょうができはじめたらドライヤーをとめて観察する。

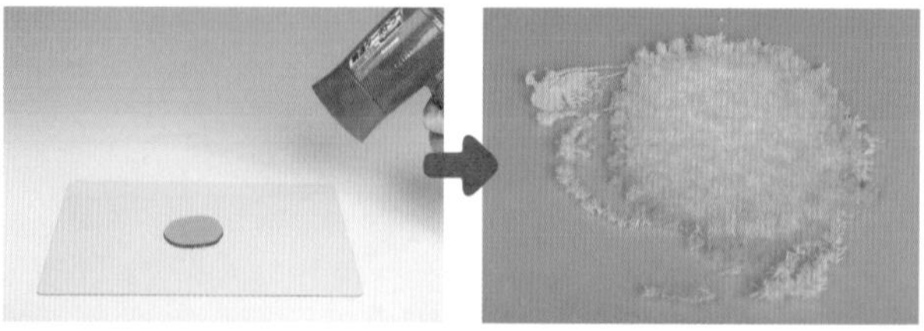

チャレンジ❷

アルミはくをくしゃくしゃにしてから広げ、液をたらす。ドライヤーで1～2分加熱し、観察する。

観察でサイエンス

▶水分が蒸発することで結しょうができることがわかります。液が多いほど時間はかかりますが、大きな結しょうをつくることができます。大きな結しょうでは、何度も枝分かれをくり返して広がっている様子が観察できます。

発表のためのまとめ

成長する様子を30分おきぐらいに写真にとっておくといいよ。絵の具の色や容器の形を変えると、ちがった結しょうができるので、ケースに入れてかざろう。

にょう素の結しょうをつくる

実験したこと	キッチンペーパーににょう素の液をしみこませ、結しょうができていく様子を観察した。
実験の結果	上のほうに針のような結しょうができはじめ、半日ほどで大きくなってきた。

スタート時　3時間後　半日後

⚠にょう素の結しょうはしょうげきに弱く、くずれやすいので、あつかいに気をつけよう。残った液は紙にすわせて、燃えるゴミとして捨てよう。

観察8

むずかしさ ★★☆

水草潜水艦

水草は植物なので、水の中にとけた二酸化炭素を取り入れて光合成をおこない、酸素のあわを出しているよ。あわをつけてうかぶ葉の様子を観察してみよう。

所要時間 1日

テーマ 光合成 (6年生)

どうして左のコップの
水草だけが
浮かんだのかな?
オオカナダモは、
観賞魚店で手に入り
やすい水草だよ。

観察のやりかた

1 水を入れる

2つのコップに同じ量の水を入れる。あわが入らないように、水は静かに入れる。

2 息をふきこむ

片方のコップに、ストローで30秒間息を吹きこむ。息を入れたほうには、コップにしるしをつけておく。

3 葉を入れる

両方のコップに、手でちぎったオオカナダモの葉を10枚くらいずつ入れる。

用意するもの

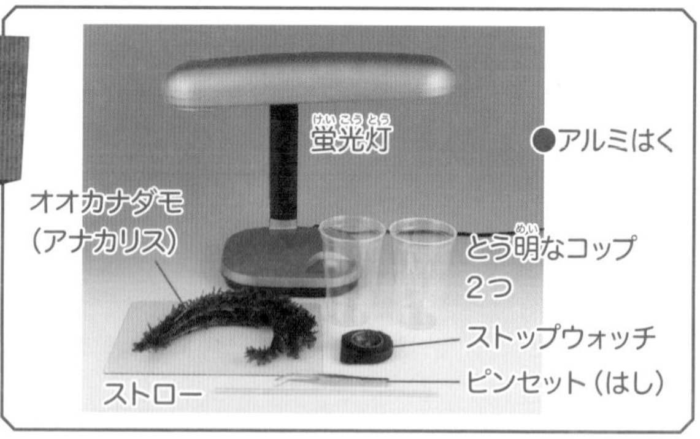
蛍光灯
アルミはく
オオカナダモ（アナカリス）
とう明なコップ2つ
ストップウォッチ
ピンセット（はし）
ストロー

4 光を当てる

コップを蛍光灯に近づけて光を当て、時間を計る。

5 葉がうく様子を観察

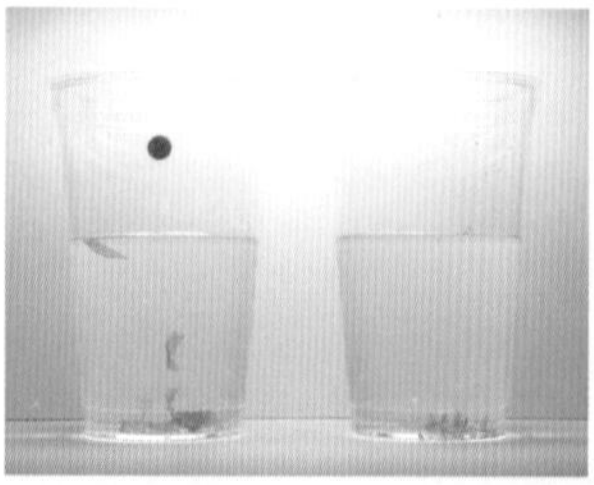

息をふきこんだほうは、数分で葉からあわが出て、葉がうきはじめる。葉の半数がうくまでの時間を計る。

●葉の浮きかた

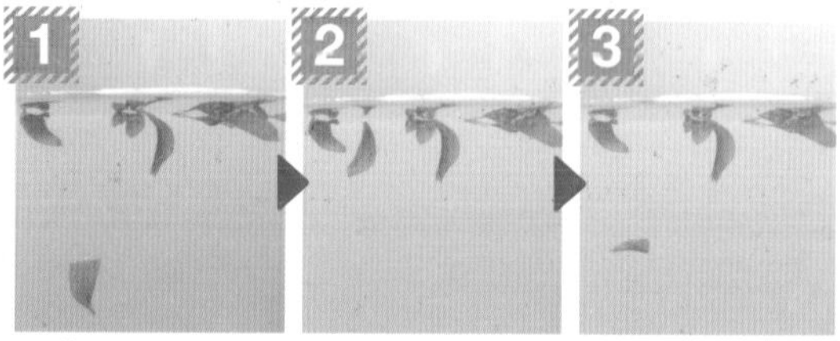

1 葉にあわがついてうく
2 水面であわがはじける
3 葉にあわがなくなりしずむ

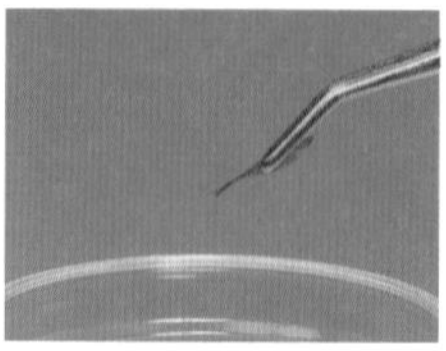

ういた葉の枚数を数える場合は、ういた葉をピンセットか、はしで取りだすといいよ。

ためしてみよう！

いろいろな条件でためしてみよう。

チャレンジ❶

光の強さを変えるとどうなる？

アルミはくをかぶせて光をさえぎる。

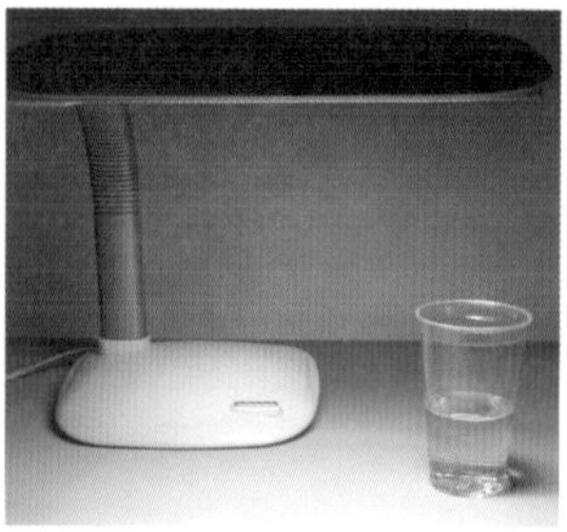

蛍光灯からはなす。

チャレンジ❷

冷蔵庫で冷やした水と、ふつうの水ではちがいがある？

チャレンジ❸

息をふきこむ時間を変えてみよう。

①5秒にしたら、どうなるかな？
②10秒にしたら、どうなるかな？
③15秒にしたら、どうなるかな？

チャレンジ❹

息をふきこむかわりに、重そうをとかすとどうなる？

小さじ半分の重そう

チャレンジ❺

熱湯につけた水草で実験するとどうなる？

⚠ 熱湯でやけどをしないように注意しよう。

チャレンジ❻

水に、洗剤や塩など、水草がいやがりそうなものを入れるとどうなる？

観察でサイエンス

▶光合成をしているということは、水草が生きているしょうこだよ。水が冷たすぎると、葉はなかなかうかない。光合成に必要な条件（適温、二酸化炭素の濃度、光）がそろわないと、葉はうかないんだ。

発表のためのまとめ

調べたことや、実験の条件をどのようにそろえたかを書き、結果を表やおれ線グラフにまとめよう（必ず下のような結果になるとは限らないよ）。

水草のうきかたを調べる

○年○組　○○○○

調べたこと　冷たい水でも光合成をするか調べた。

実験の条件
① コップに入れた水の量　100mL
② 息を入れた時間　30秒
③ 蛍光灯とのきょり　15cm
④ 入れた葉の枚数　10枚

水温とういた枚数

	2分	4分	6分	8分	10分	12分	14分	16分
5℃	0	0	0	0	0	0	1	1
10℃	0	0	0	0	1	1	2	5
15℃	0	0	1	2	4	6	7	8
20℃	0	1	2	5	8	9	10	10

わかったこと
- 冷たい水だと光合成はあまり活発におこなわれないことがわかった。
- 5℃、10℃、15℃、20℃では、？℃のとき、光合成が一番活発におこなわれていた。

観察❽

★★☆

ほかにもこんな観察があるよ! コラム

観察1 お天気パラパラまんが

用意するもの 実況天気図(または新聞紙1か月分)、画用紙、のり、ひも、穴あけパンチ

気象庁のホームページや新聞に出ている天気図を集め、画用紙のはしにそろえてはる。重ねて、ひもでとじる。パラパラめくると雲が動いて見えるよ。

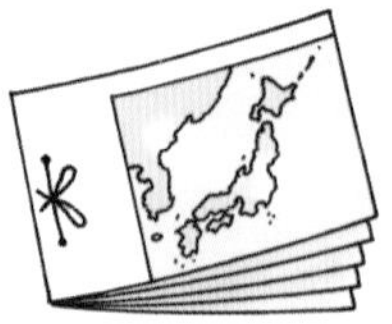

ためしてみよう! 台風のとき、天気図はどのように変わってくるかな。

観察2 ストローだこ

用意するもの B4の紙、ストロー2本、セロハンテープ、たこ糸5m、厚紙片、ペン

①B4の紙を図のように切っておる。
②2本のストローとたこの足をセロハンテープでとりつける。
③たこ糸をストローに結びつけてできあがり。たこ糸は厚紙片にまきつけておこう。

ためしてみよう! たこに目立つイラストをかいてみよう。

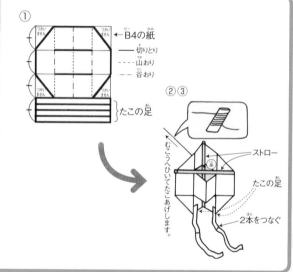

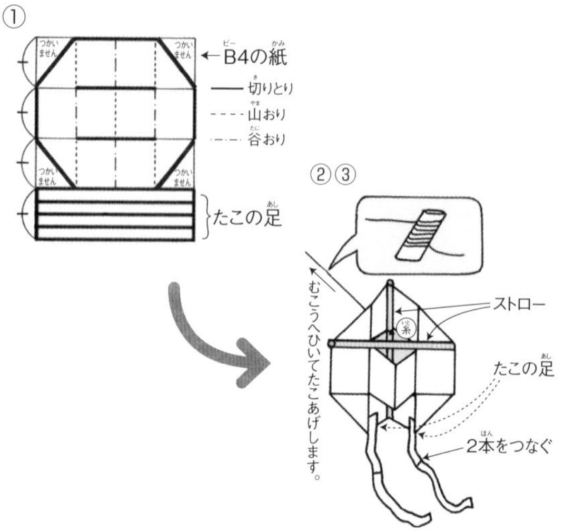
①
つかいません
B4の紙
切りとり
山おり
谷おり
たこの足
②③
糸
ストロー
むこうへひいてたこあげします。
たこの足
2本をつなぐ

観察3 おり紙風車

用意するもの おり紙、画びょう、太さのちがうストロー(1本ずつ)、えんぴつ

①おり紙をたてに2回おって広げ、よこにも2回おる。4か所に線を引き、切れこみを入れる。
②図の×印の位置に細いストロー(青)がぴったりはいる大きさの穴をあける。画びょうで穴をあけ、えんぴつで広げる。
③中心にストローをさし、時計まわりに紙をはめる。
④4枚はめたらストロー(青)の先を切って広げる。反対側も、太いストロー(赤)をさしてから細いストロー(青)の先を同じように切って広げる。

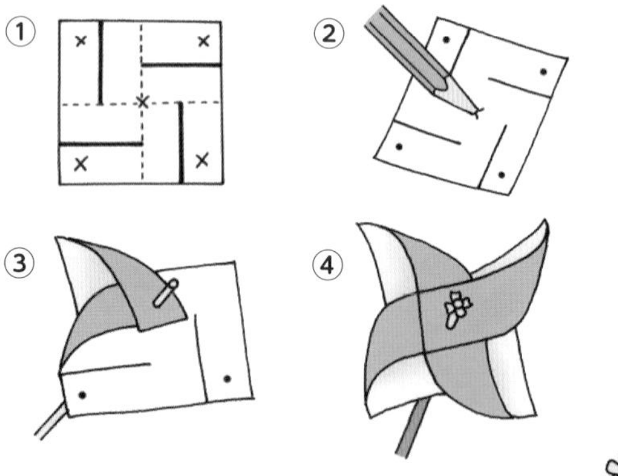
①
②
③
④

ためしてみよう! 紙の大きさを変えると、どうなるかな。

反対側

工作

工作をやるときに気をつけること

- つくりながら手順の写真をとって記録しておくと、発表するときに説明しやすいよ。
- ためしにいくつかつくってみると、きれいにできるよ。形や色を変えて、2つ目からは自分なりの作品をつくってみよう。
- 磁石は、ペースメーカーや磁気カード、精密機器などにちかづけないようにしよう。
- カッターや包丁などを使うときは、ケガをしないように気をつけて、大人といっしょに使おう。

工作1

むずかしさ ★★☆

風力発電でてんとう虫が点灯!

自分の息で羽根をまわして電気を起こす、小さな発電機のおもちゃ。手づくりの発電機でてんとう虫を光らせてみよう。

所要時間 2時間

テーマ 発電(6年生)

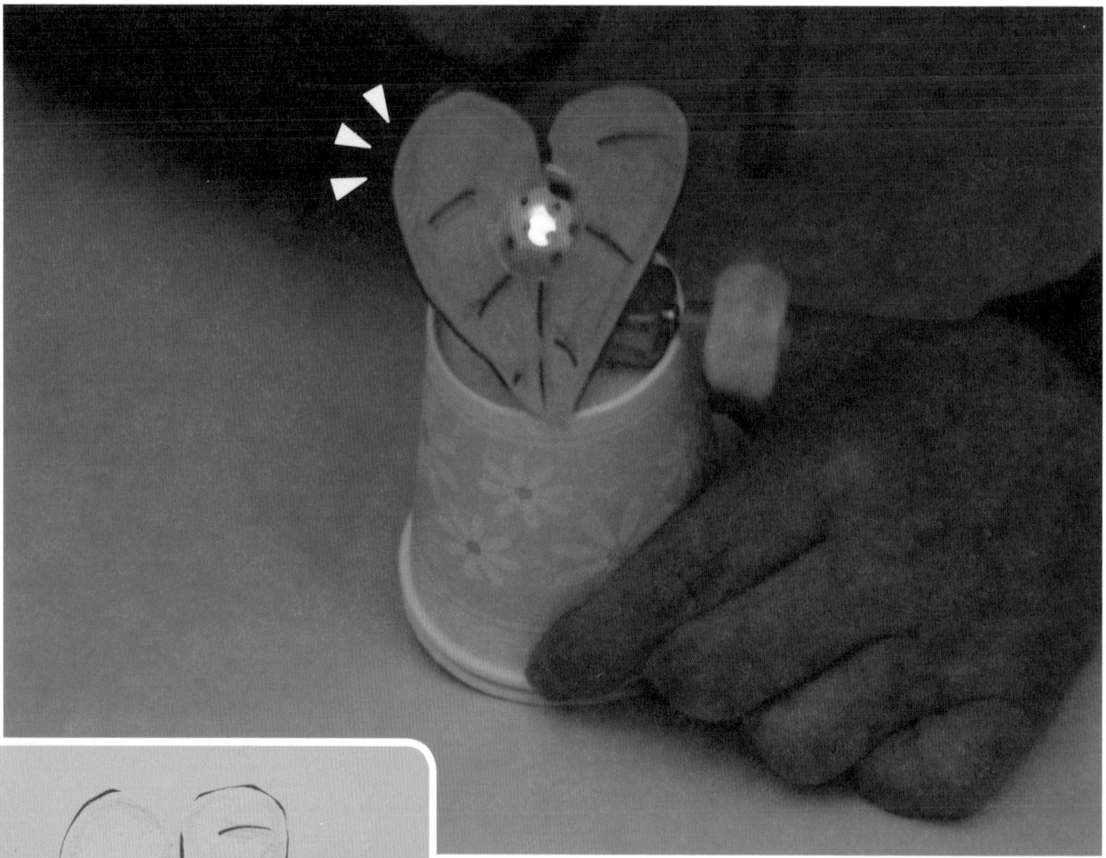

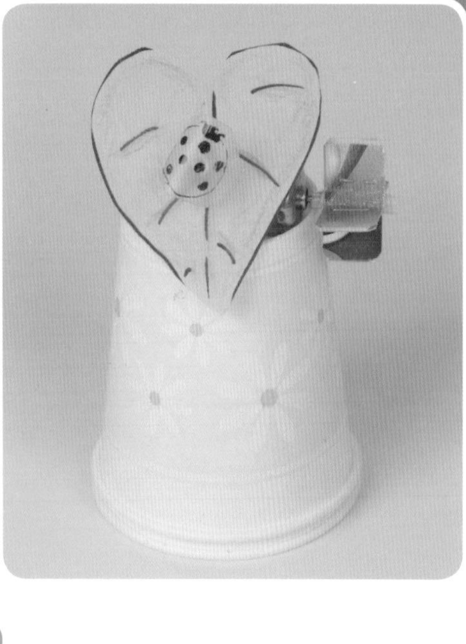

自分の息で電気が起こせるんだ!

用意するもの

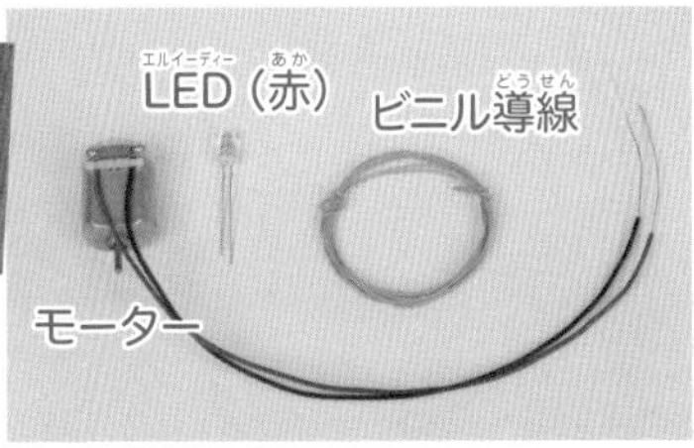

LED（赤）
ビニル導線
モーター

※モーターのリード線は使わなくてよい。

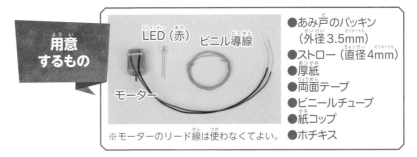

- あみ戸のパッキン（外径3.5mm）
- ストロー（直径4mm）
- 厚紙
- 両面テープ
- ビニールチューブ
- 紙コップ
- ホチキス

発電機のつくりかた

1 モーターとLEDをつなぐ

⚠ビニル導線は、電圧を高めるために必要なものです。

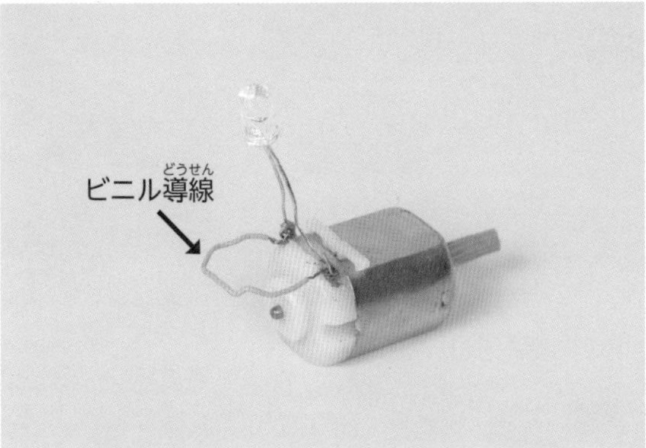

ビニル導線

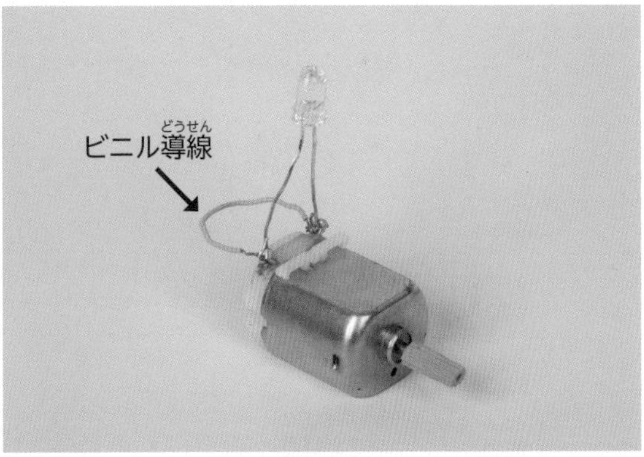

ビニル導線

リード線を取りはずしたモーターにLEDをつなぎ、LEDのそれぞれの電極にビニル導線をつなぐ。モーターの軸にあみ戸のパッキンを差しこむ。

2 羽根をつくる

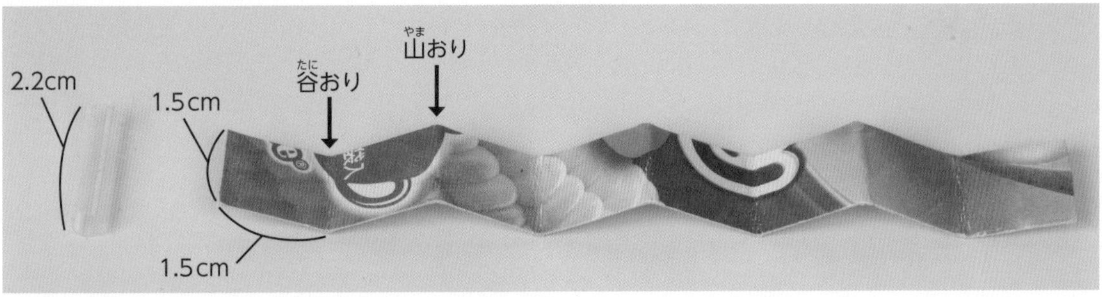

2.2cm
1.5cm
谷おり
山おり
1.5cm

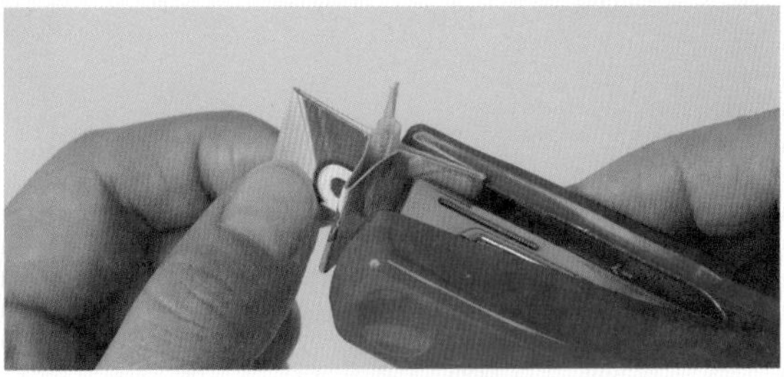

厚紙を1.5cm×12cmに切り、写真のように交互におり目をつける。厚紙の裏面に両面テープをつけ、2.2cmくらいに切ったストローを中心にして、おり目にそっておりながらまきつける。最後に羽根をホチキスでとめる。

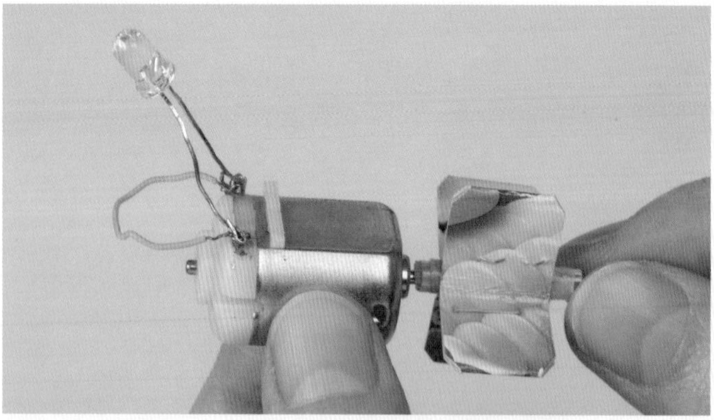

3 パーツを組み立てる

パッキン部分に羽根を差しこむ。ビニールチューブにてんとう虫のイラストをかき、裏側に穴をあけて、LEDに取りつける。葉の絵をかいて、モーターに取りつける。

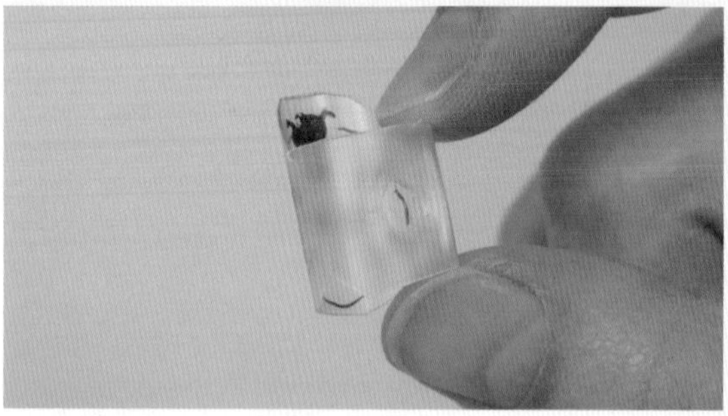

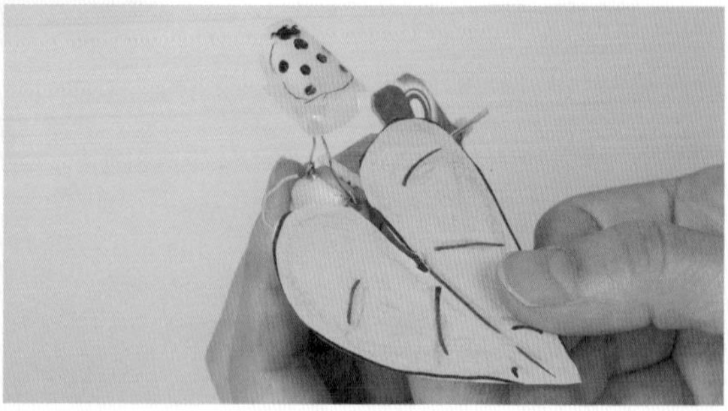

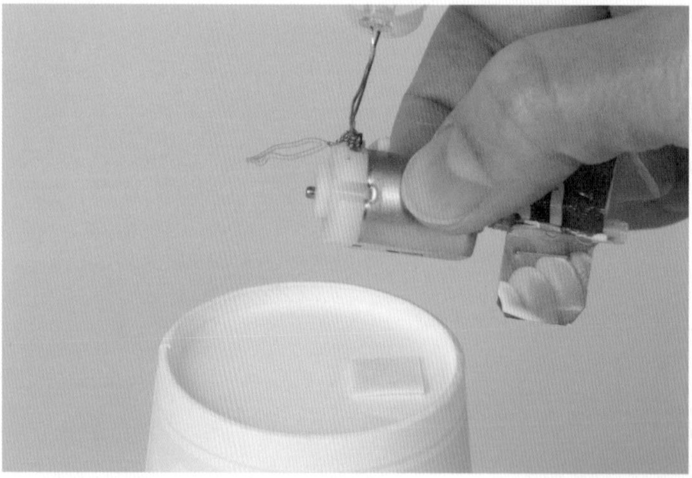

4 完成

紙コップに両面テープをはり、モーターを取りつけて完成。羽根に向かって、ストローで強く息をふきかけると、羽根がまわった瞬間にLEDが赤く光る。

⚠うまく光らないときは、羽根を逆にまわすと光ることがあります。

工作でサイエンス

▶羽根をいきおいよくまわすことでモーターが回転し、発電します。ストローを短めに切り、羽根がまわるときに「ブーン」という音がするくらい、思いきり息をふきかけるのがコツです。

発表のためのまとめ

みんなにも自分の息で羽根をまわして、電気を起こす体験をしてもらおう。

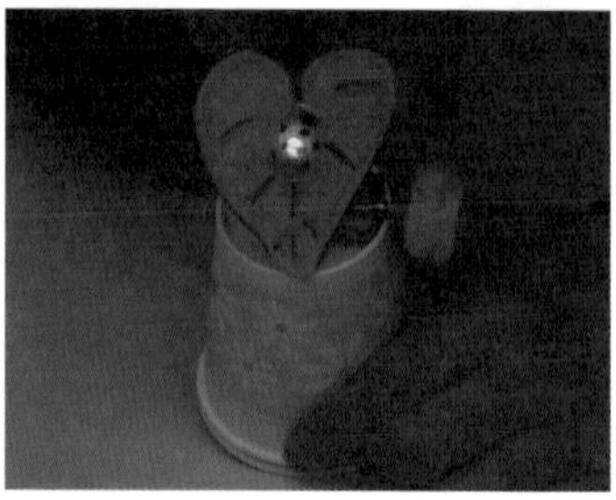

工作 2
むずかしさ
★★☆

宝物のレプリカをつくろう

ひとつしかない大切な宝物。その宝物をもうひとつふやしてみよう!

所要時間
1日

テーマ
化石
(6年生)

どっちが本物?

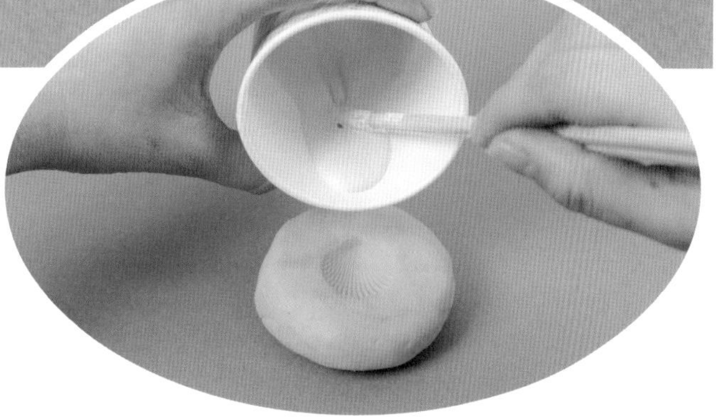

用意するもの

- 石こう（またはセメント・モルタル）の粉末
- 紙コップ
- わりばし
- スプーン
- 油ねん土
- 型をとりたいもの
- 水

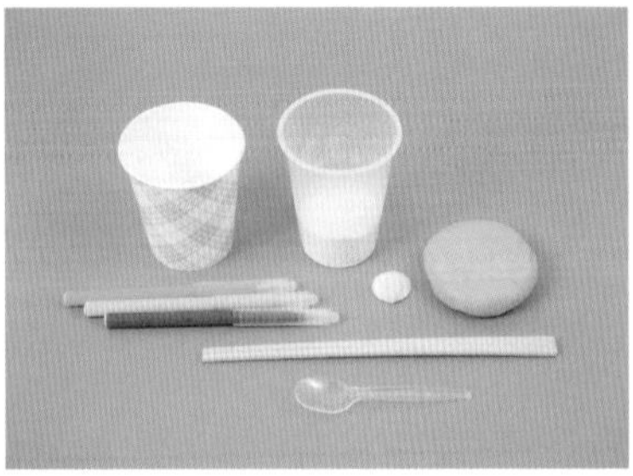

※石こう（またはセメント・モルタル）の粉末はホームセンターで買える。

レプリカのつくりかた

1 型をとる

油ねん土にレプリカをつくりたいものをおしつけて型をとる。

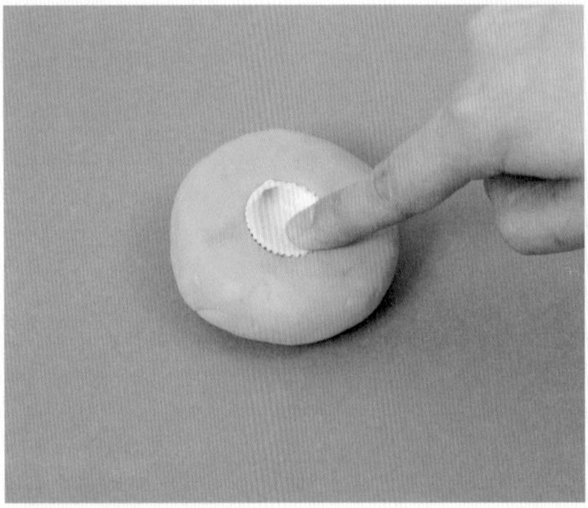

2 紙コップに石こうを入れる

石こうの粉を紙コップにスプーン１～２杯とる（ここでは白色モルタルを使用）。

3 水を入れて混ぜる

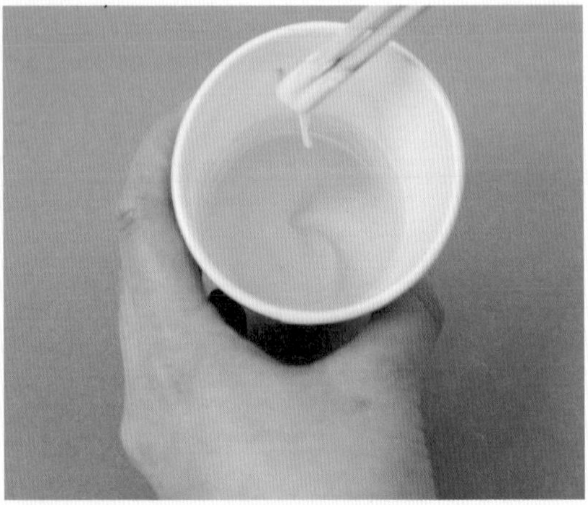

わりばしを持ち上げて、ツノができるくらいまで水を少しずつ増やしながら混ぜる。

石こうやモルタルは手でさわらないようにしよう。目に入ったときは、すばやく洗い流してね。

4 型に流しこむ

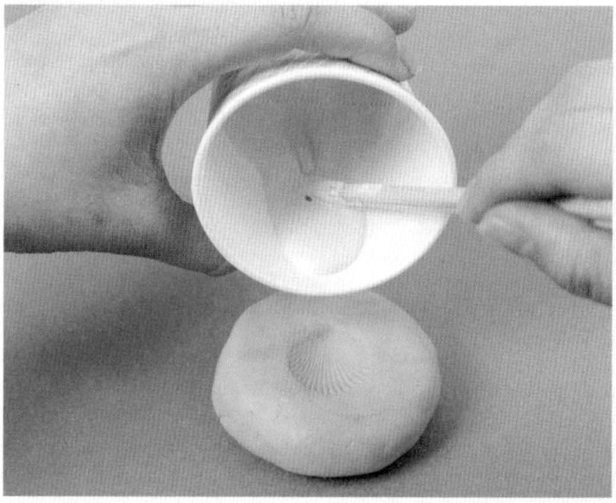

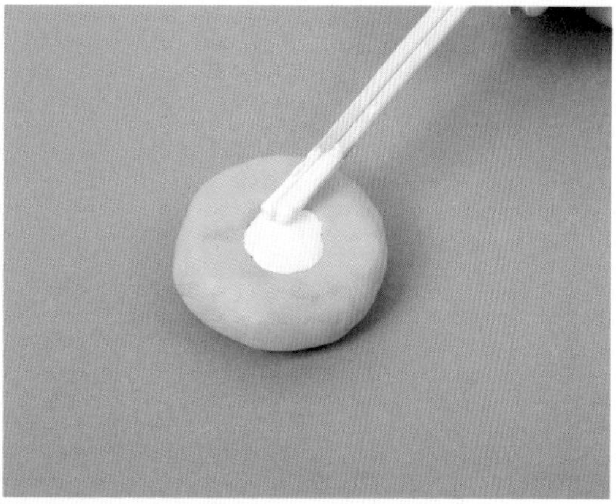

型に流しこみ、わりばしですきまがなくなるように、まんべんなく広げる。

5 かわかす

一晩おいてかわかす。

工作❷

6 ねん土からはずす

ねん土をまげて、おし出す。

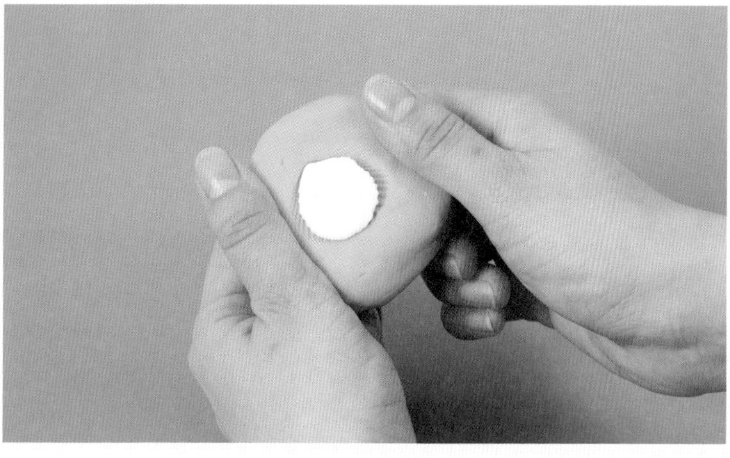

7 できあがり

これでレプリカの完成！
色をつけてもいいね。

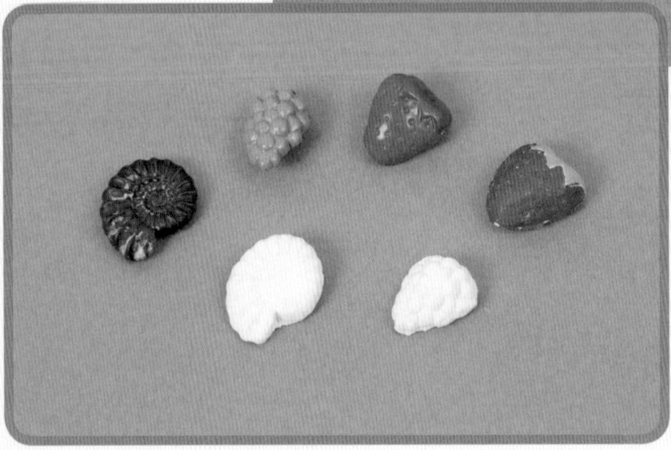

いろいろなもので
つくってみよう！

ためしてみよう！

チャレンジ❶

手形や足形をとってみよう。

チャレンジ❷

表と裏の両面の型をとって、できたものをはり合わせると、完全な立体がつくれるよ。

工作でサイエンス

▶石こうの粉が水と混ざり、時間をかけて新しい物質に変わることで、固まります。レプリカづくりは化石の専門家の間でよく行われる方法です。

発表のためのまとめ

本物とレプリカを並べて、箱に入れて見せよう。つくりかたをもぞう紙にまとめてもいいね。

工作③

むずかしさ ★★★

ぐるぐるまわる紙コップ

タイヤがついていないのに、紙コップがぐるぐるとまわり続けるおもちゃ。ネズミとネコの絵などをつけて楽しもう。

所要時間 2時間

テーマ
電気の利用
(6年生)

用意するもの

- 電池ボックス
- スイッチ
- モーター
- ビニル導線
- ゴム管
- 工作用紙
- 紙コップ
- ビニルテープ
- 単3電池
- わりばし
- 画びょう
- 両面テープ

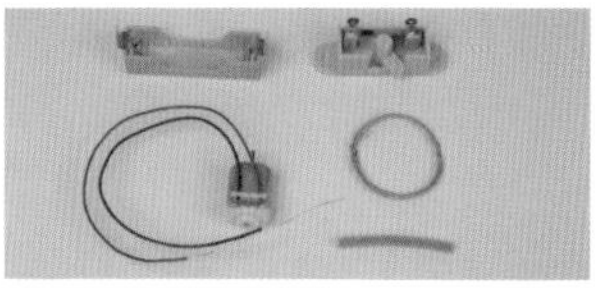

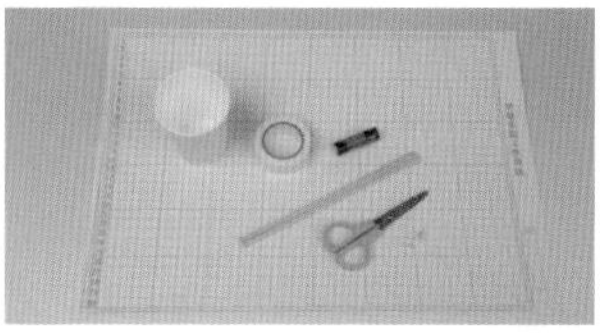

まるで追いかけっこをしているみたい!

ぐるぐる紙コップのつくりかた

1 モーターをつなげる

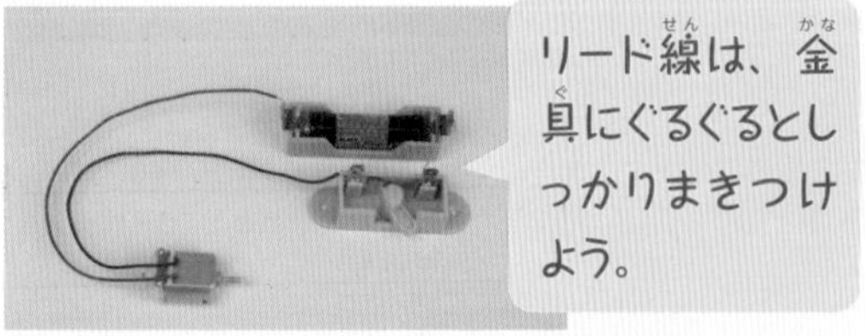
リード線は、金具にぐるぐるとしっかりまきつけよう。

電池を入れた電池ボックスとスイッチをビニル導線でつなげ、それぞれにモーターをつなげる。

2 電池ボックスとスイッチを重ねる

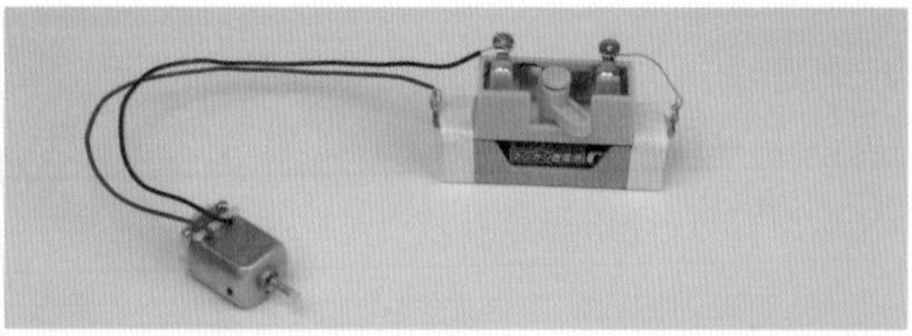

電池ボックスとスイッチを重ねて、ビニルテープでしっかりとめる。

3 紙コップにモーターをさしこむ

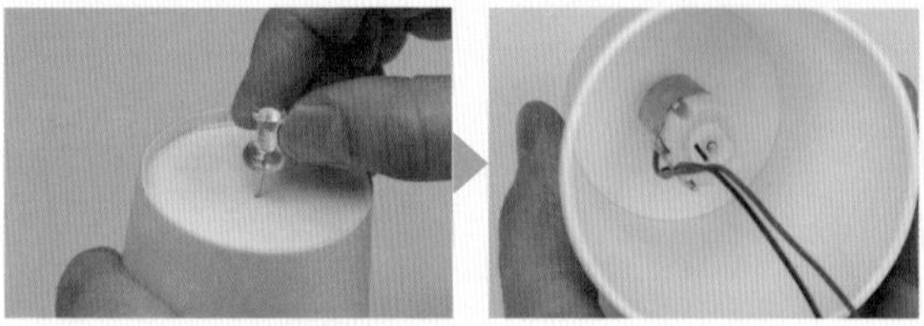

紙コップの底の中心に画びょうで穴をあけ、紙コップの中から、穴にモーターの軸をさしこむ。穴が小さいときは、鉛筆の先で、穴を少し広げる。

4 工作用紙を切る

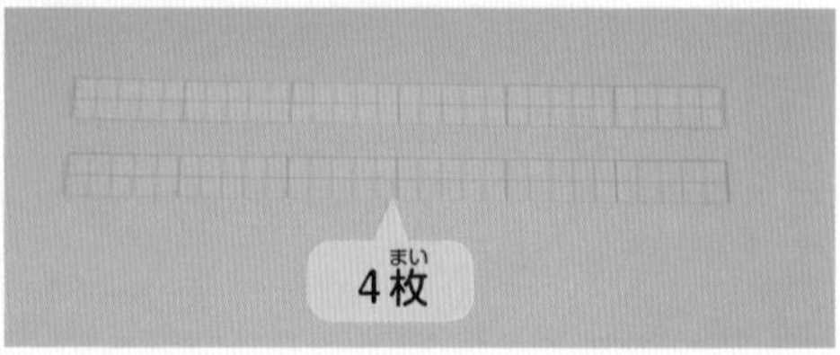
4枚

モーターをおさえる紙ばねをつくるために、工作用紙を2cm×30cmの長さに4枚切る。

5 紙ばねをつくる

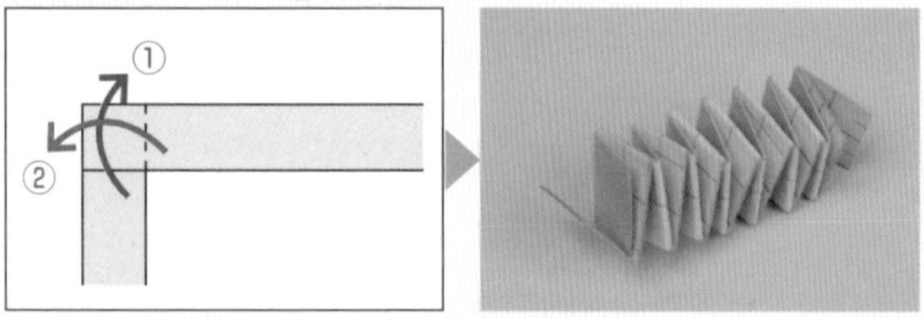
①
②

2枚の工作用紙を図のようにおり重ねる。これを2個つくる。

6 モーターを紙ばねで固定する

写真のように、モーターを紙ばねではさんで両面テープなどではり、紙コップに固定する。

7 ゴム管に切れこみを入れる

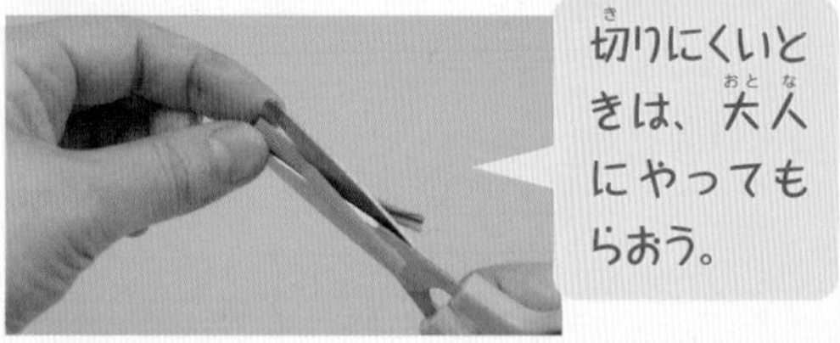
切りにくいときは、大人にやってもらおう。

ゴム管をハサミで半分に切る。すべてを切らずに1cmほど残す。

8 わりばしをはさんで結ぶ

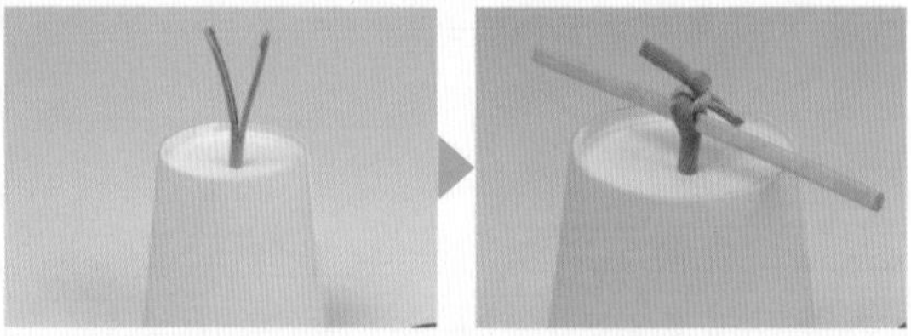

ゴム管を、紙コップの穴から出ているモーターの軸にさしこむ。ゴム管の切れこみにわりばしをはさみ、ゴム管を結ぶ。

9 電池ボックスとスイッチをとめる

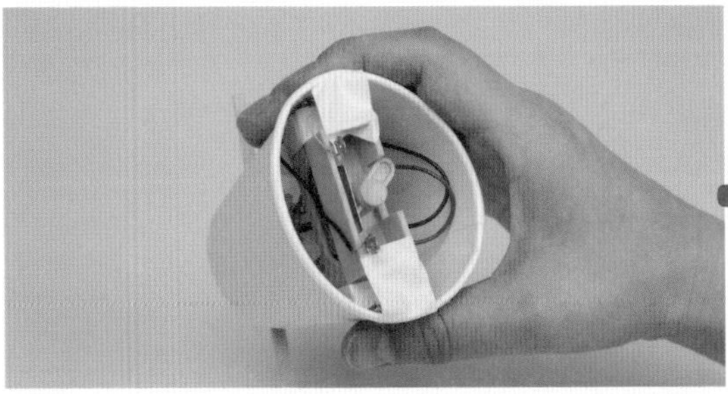

電池ボックスとスイッチを、紙コップの飲み口の部分にビニルテープでしっかりとめる。

10 好きな絵をかいてつける

ネズミとネコなど、好きな絵をかき、わりばし部分につけて楽しもう。

ためしてみよう！

チャレンジ

紙コップの底の中心に穴をあけると紙コップはなめらかにまわるけれど、穴の位置をわざと中心から5㎜くらいずらしてみよう。紙コップはひょこひょこと不規則にまわり、わりばしも前後に動くよ。紙コップの大きさを変えると、まわりかたはどう変わるかな。

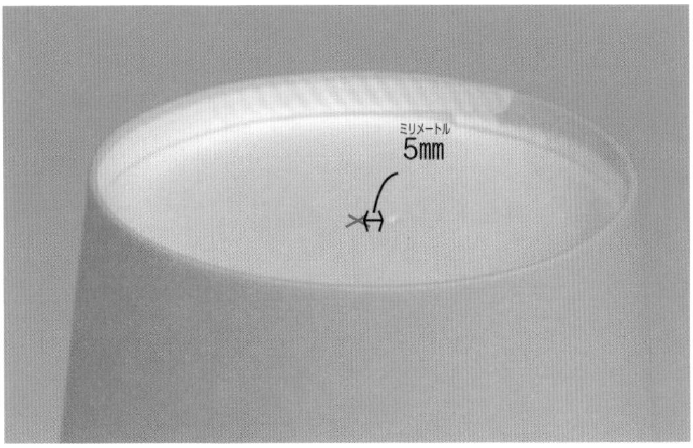

ミリメートル
5㎜

工作でサイエンス

▶モーターは軸を回転させますが、軸をおさえるとモーター本体が回転します。この工作では、軸にわりばしをつけて床にふれさせて軸の回転をおさえているので、モーター本体が回転します。モーターを紙コップに取りつけてあるので、紙コップが回転するというわけです。

▶紙コップの底と飲み口の円周とはちがっていて、床にふれる面がななめになっているので、紙コップは同じところをぐるぐるまわります。

⚠ 回転するわりばしの先に、目や指をちかづけないように注意しよう。また、金属の部分がさびると電気が流れにくくなるので、ときどきリード線の先や金具は紙やすりでけずろう。

発表のためのまとめ

床の上におき、スイッチを入れてみよう。紙コップが動きだし、ぐるぐるとまわるよ。

調査

調査をするときに気をつけること

- 調査するテーマを、あらかじめはっきりさせておこう。
- 調査をはじめる前に、本やインターネットを使って下調べをしておこう。
- 計画をしっかり立て、必要なもの（時計やメジャー、記録用紙など）をそろえよう。
- 車通りの多いところや川、池などに行くときは、子どもだけで行かず、必ず大人といっしょに行こう。
- 話を聞いたりするときは、お礼を忘れないようにしよう。

調査 1

むずかしさ

★★☆

電柱と電線の力のつりあい

電柱をよく見ると、電柱から地面にななめに線がのびていることがあるね。この線の役割を、もけいで再現して考えてみよう。

所要時間
1時間

テーマ
力の働き
(中学1年生)

用意するもの

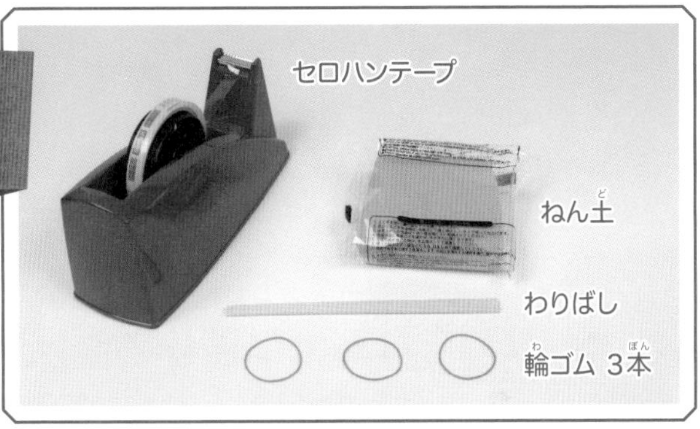
セロハンテープ
ねん土
わりばし
輪ゴム 3本

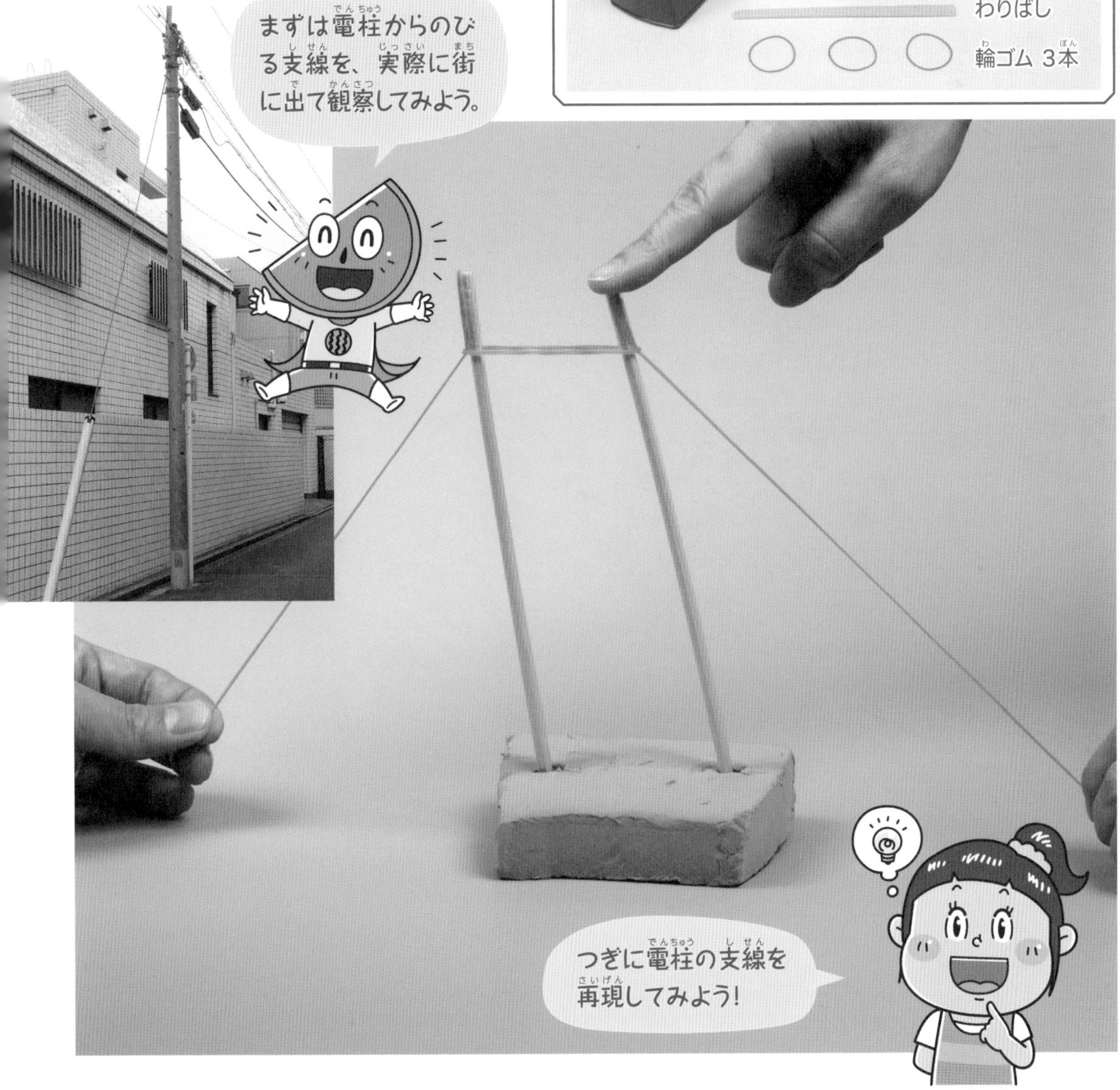
まずは電柱からのびる支線を、実際に街に出て観察してみよう。
つぎに電柱の支線を再現してみよう!

調査のやりかた

1 輪ゴムを切る

わりばしをまんなかでわり、2本にする。輪ゴムを1か所はさみで切り、1本にしたものを2つつくる。

あとで輪ゴムがとれないように、セロハンテープをしっかり強めにまきつけておこう。

2 輪ゴムをわりばしにつける

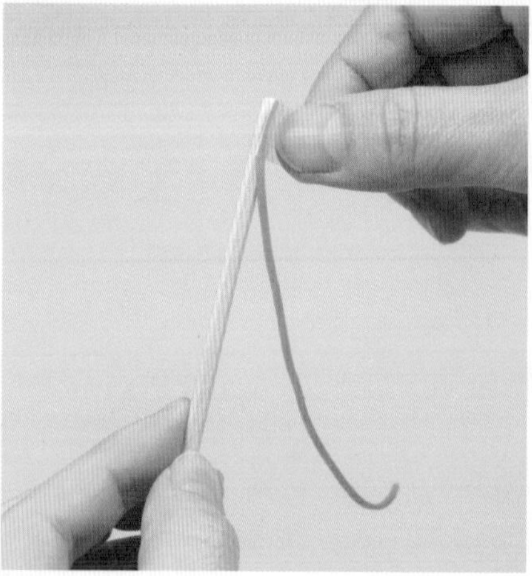

わりばしの先端に、輪ゴムをセロハンテープではりつける。これを2セットつくる。

3 わりばしをねん土に差しこむ

2本のわりばしを、ねん土に差しこんで垂直に立てる。このとき、2本のわりばしの間を切る前の輪ゴムの大きさよりも少し広くあける。わりばしの先端に、切っていない輪ゴムをひっかける。

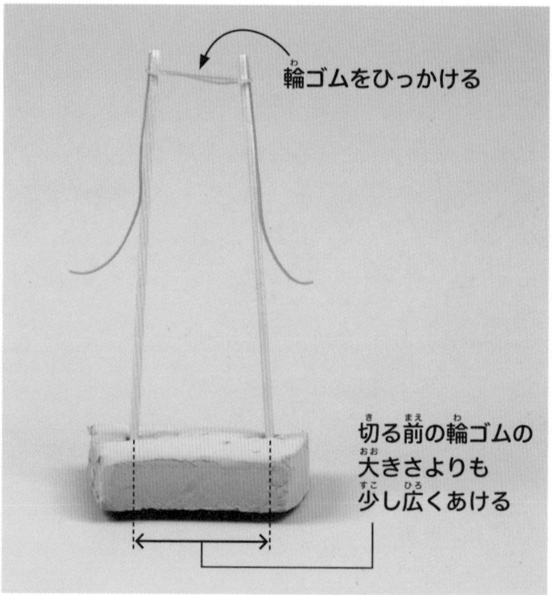
輪ゴムをひっかける
切る前の輪ゴムの大きさよりも少し広くあける

輪ゴムをひっかけると、垂直に立っていた2本のわりばしが、輪ゴムにひかれて内側にかたむくよ。

4 輪ゴムをひっぱる

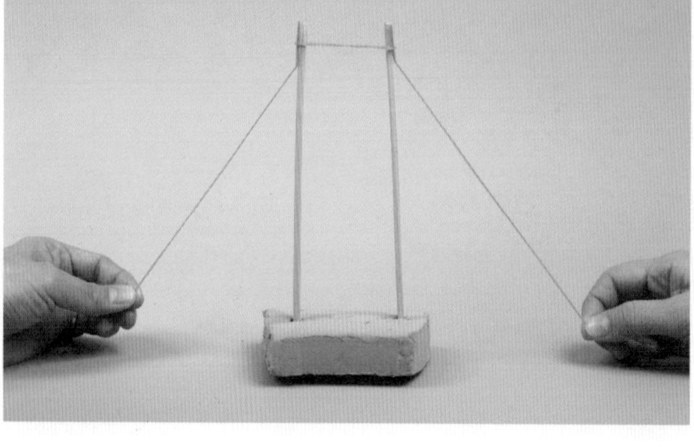

わりばしからのびた2本のゴムを、外側に向かってひっぱってみよう。

わりばしがねん土に垂直になるのがわかるね。

5 わりばしをゆする

指でわりばしをゆすって、わりばしの様子を見てみよう。

ためしてみよう！

わりばしにつけたゴムをひいた状態と、ひかない状態で、わりばしを指でゆすったときにちがいがあるか、調べてみよう。

チャレンジ①

わりばしを指でゆする方向をいろいろ変えて、わりばしのゆれかたを調べてみよう。

チャレンジ②

ゴムをひく角度を変えて、わりばしをゆすったときに、わりばしのゆれかたにちがいがあるか、調べてみよう。

調査でサイエンス

▶力を加えると、ものは変形したり、動いたりします。2つ以上の力がものに加わると、力の向きや大きさが足し合わされるため、わりばしに加わる力は、より下に向くことになり、わりばしは安定するのです。

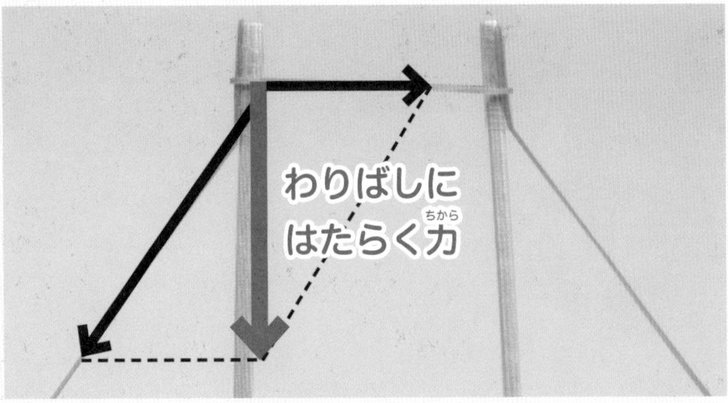

わりばしに
はたらく力

発表のためのまとめ

次の①～④について調べ、発表してみよう。

①わりばしについたゴムをひいたときと、ひかないときで、わりばしのゆれかたが変わるかどうか。

②わりばしを指でゆするとき、もっともゆれやすい方向と、ゆれにくい方向はどこか。

③ゴムとわりばしの角度を変えたとき、もっともゆれにくい角度と、ゆれやすい角度はどこか。

④実際に街に出て、電柱と支線を観察してみよう。街で見かけた気になる電柱をモデルに再現し、電柱にはたらく力を考えよう。

調査❷
むずかしさ
★★☆

工場見学をしよう

ふだん、何気なく使っているさまざまなものは、どのようにつくられているんだろう。ものがつくられていく様子を工場で見学しよう。

所要時間 **3時間**

テーマ
日本の産業
(5年生)

用意するもの
- ノートやメモ帳
- 筆記用具
- カメラ

下調べをしっかりと!
自分でつくった丸皿、すごいね!

金属をさまざまな形に加工する「へらしぼり」体験

取材協力:株式会社北嶋絞製作所

調査のやりかた

1 見学にてきした工場を探そう

コンピュータがロボットを動かして製品をつくっている工場もおもしろいけれど、職人がものづくりをしている現場を見せてもらえると、人びとの努力や産業の発達の歴史を身近に感じることができるね。まず、自分の住んでいる地域にはどんな特産品があって、どこでつくられているか、電話帳やインターネットなどを活用して調べてみよう。また、製品に製造元の住所や電話番号が書いてある場合、そこに問いあわせてもいいね。

↓

2 見学の申しこみをしよう

見学を受け入れることは、工場にとってはたいへんなことなんだ。工場では見学の案内ができる人を手配しないといけないからね。申しこみは、大人にお願いしよう。学校の勉強のためだということをきちんと伝えてもらうことができれば、受け入れてくれる工場もあるよ。1人でなく、友だちもさそって数人で見学を申しこむといいね。

↓

3 準備しよう

見学の前に、製品に関係することが書いてある本を借りて読んでおこう。工場のホームページがあれば、それを読むのもいいね。下調べをすると疑問も出てくるはずだよ。工場の人にしてみたい質問をいくつか書き出しておこう。見学の様子は写真でとると、あとでまとめやすいね。でも、写真をとることばかりに夢中になると工場の人の話をきちんと聞けなくなるから、友だちと相談して、写真係、質問係、メモ係など、あらかじめ決めておくといいね。役割に応じてカメラやメモ帳を用意しよう。

見学の注意

よろしく
お願いします!

- 見学には、大人にもついてきてもらおう。
- 工場の人にきちんとあいさつしよう。
- 写真をとっていいかどうか、あらかじめ聞こう。
- おいてあるものを勝手にさわらないようにしよう。
- 危険なこともあるので、まわりに注意してゆっくり歩こう。

調査②

工場見学に出かける

1 工場の人にあいさつをする

工場についたら、きちんとあいさつをしよう。見学の前に、工場の人が工程を説明してくれることもあるのでしっかり話を聞こう。今回は北嶋絞製作所（東京・大田区）で「へらしぼり」の工程を見せてもらったよ。

2 棒状の工具「へら」

回転する金属板に棒状の工具をおしあてて力を加え、さまざまな形に加工するのが「へらしぼり」の技術だよ。加工に使う、この棒状の工具を「へら」と呼ぶんだ。

3 金属板をセッティング

円ばん状に加工したアルミの金属板を、しぼり旋ばんと呼ばれる機械の回転じくに固定したら、いよいよ、へらでしぼって加工していくよ。しぼり旋ばんの回転じくには、型が固定されていて、この型にあわせて金属板を加工していくんだ。

4 へらしぼりの加工開始

しぼり旋ばんを高速で回転させながら、金属板にへらをおしあてて加工していく。てこの原理を応用して、へらに力を加えると、だんだん金属の形が変わっていくよ。

5 金属が形を変えていく

全身を使って、スムーズに体重を移動しながら、へらのあてかたを変えて加工していく。

6 加工が完了

へらで金属の厚さを一定にし、表面をなめらかに整えれば完了。型どおりの、きれいな形に仕上がったよ。

7 「へらしぼり」の体験

工場によっては、作業などを体験させてくれる。工場の人の指導にしたがって、挑戦してみよう。貴重な体験になるはずだよ。

8 見学のあとで

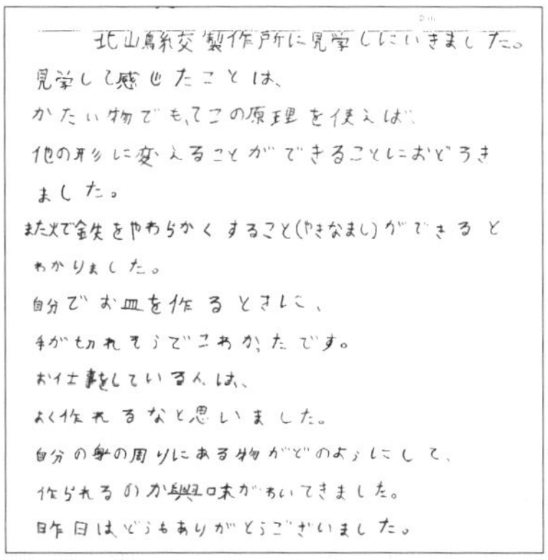
北山鳴紋製作所に見学しにいきました。
見学して感じたことは、
かたい物でもてこの原理を使えば、
他の形に変えることができることにおどろきました。
また火で金属をやわらかくすること（やきなまし）ができるとわかりました。
自分でお皿を作るときに、
手が切れそうでこわかったです。
お仕事をしている人は、
よく作れるなと思いました。
自分の身の周りにある物がどのようにして、
作られるのか興味がわいてきました。
昨日はどうもありがとうございました。

見学を終えたら、記おくが新しいうちに見学の感想を書こう。感想のコピーをそえて、工場あてに手紙でお礼を書いて送るといいね。

発表のためのまとめ

その工場を見学しようと思った理由や、見学前に調べたこと、実際に見学したことや体験したこと、見学してわかったことなどをまとめよう。

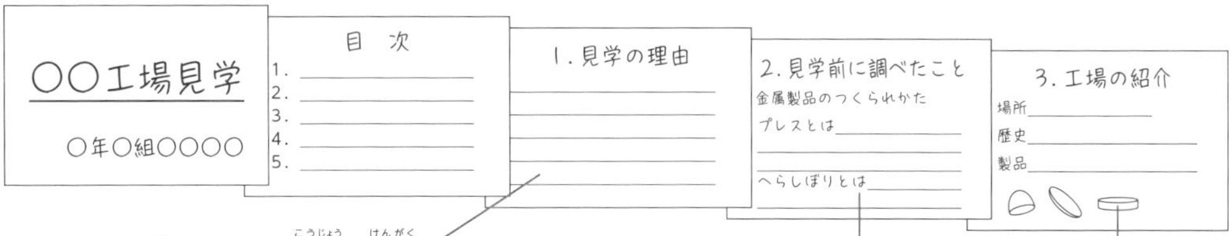
○○工場見学
○年○組○○○○
目次
1.
2.
3.
4.
5.
1. 見学の理由
2. 見学前に調べたこと
金属製品のつくられかた
プレスとは
へらしぼりとは
3. 工場の紹介
場所
歴史
製品

どうしてその工場を見学しようと思ったのか。

本や工場のホームページに書いてあることをまとめよう。本の題名と出版社名、ホームページのURLも書いておこう。

工場のパンフレットを参考にしてまとめよう。

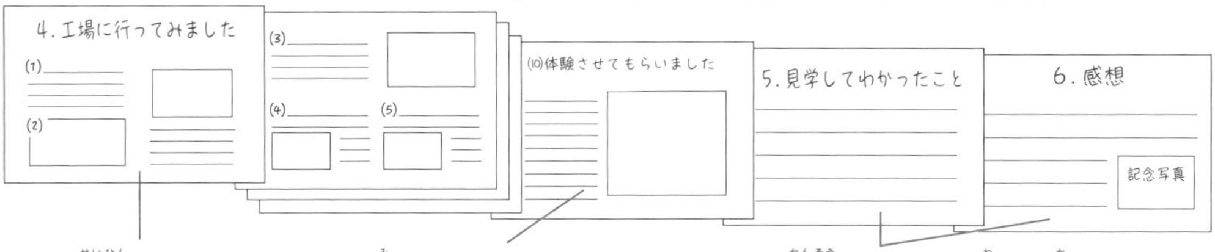
4. 工場に行ってみました
(1)
(2)
(3)
(4)
(5)
(10)体験させてもらいました
5. 見学してわかったこと
6. 感想
記念写真

製品のつくられかたを順を追ってまとめていこう。

見るだけでなく、体験させてもらえるといいね。

わかったことと感想は、できれば分けて書こう。わかったことは、工場の人の話を中心に事実を書き、感想では、自分が思ったことを中心に書くといいよ。

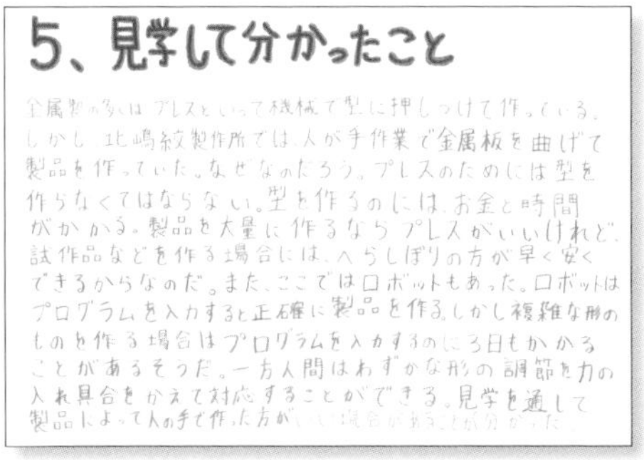
5、見学して分かったこと
金属製の多くはプレスといって機械で型に押しつけて作っている。しかし北嶋絞製作所では人が手作業で金属板を曲げて製品を作っていた。なぜなのだろう。プレスのためには型を作らなくてはならない。型を作るのにはお金と時間がかかる。製品を大量に作るならプレスがいいけれど、試作品などを作る場合には、へらしぼりの方が早く安くできるからなのだ。また、ここではロボットもあった。ロボットはプログラムを入力すると正確に製品を作る。しかし複雑な形のものを作る場合はプログラムを入力するのに3日もかかることがあるそうだ。一方人間はわずかな形の調節を力の入れ具合をかえて対応することができる。見学を通して製品によって人の手で作った方がいい場合があることが分かった。

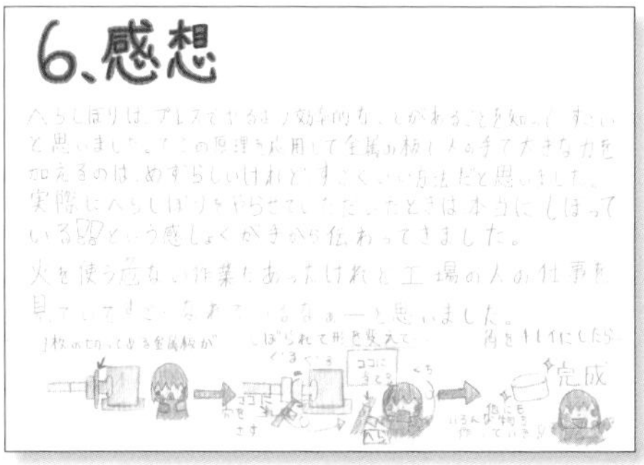
6、感想
へらしぼりは、プレスでおこなう [illegible] があることを知ってすごいと思いました。てこの原理を応用して金属の板に人の手で大きな力を加えるのは、めずらしいけれどすごくいい方法だと思いました。実際にへらしぼりをやらせていただいたときは本当にしぼっているという感しょくが手から伝わってきました。
火を使う危ない作業もあったけれど工場の人の仕事を見ていてすごいなあーと思いました。
1枚のたいらな金属板が
しぼられて形を変えてくるくる
ココに当てる
完成

編著者

NPO法人ガリレオ工房

「科学の楽しさをすべての人に」を合言葉に、日本で最も古くから科学教育振興を目指して活動してきた団体の1つ。メンバーは教員、エンジニア、科学ボランティアなど。2002年に第36回吉川英治文化賞受賞。世界初の実験はテレビ等で取り上げられ、多くの書籍が刊行されている。近年は、教育格差をなくすため、たくさんの地域の子どもや科学ボランティアの方々とつながり、オンライン実験教室を開催している。

白數哲久（NPO法人ガリレオ工房理事長　昭和女子大学教授）

執筆者

白數哲久 ………… 自由研究を発表しよう、p22・24・29・34・42・54・57・62・65・69・76
田中昭子 ………… p18
滝川洋二 ………… p20・73
藤井弓子 ………… p26
塚本萌太 ………… p32・46
古野　博 ………… p37・52
吉田のりまき …… p44
伊知地国夫 ……… p48・50
川島健治 ………… p73

編集・校正 白數哲久、正籬卓、有限会社くすのき舎

撮影 伊知地国夫、谷津栄紀

取材協力 株式会社北嶋絞製作所（p76）

モデル キャストネット・キッズ（竹内圭哉、友利紅怜亜）香織、環奈、杉野拓磨、奈々、直太郎

キャラクターイラスト いわたまさよし

イラスト I.Lu.Ca（品川・藤原・池田）、中村滋

本文デザイン・DTP 松川直也

編集協力 コバヤシヒロミ

参考文献

『ガリレオ工房の科学遊び PART2 おもしろ実験 新ワザ66選』滝川洋二／山村紳一郎編著　実教出版
『ガリレオ工房の科学遊び PART3 親子で楽しむ知的刺激実験57選』滝川洋二／古田豊／伊知地国夫編著　実教出版
『小学館の図鑑NEO［新版］科学の実験 DVDつき』ガリレオ工房監修　小学館

できる！ 自由研究　小学5・6年生

2024年6月10日　第1刷発行

編著者　NPO法人ガリレオ工房
発行者　永岡純一
発行所　株式会社永岡書店
〒176-8518
東京都練馬区豊玉上1-7-14
TEL 03-3992-5155(代表)
TEL 03-3992-7191(編集)
印　刷　誠宏印刷
製　本　ヤマナカ製本

ISBN978-4-522-44179-4 C8040
乱丁・落丁本はお取り替えいたします。

自由研究のまとめ用紙はQRコードを読み取ってダウンロードできます
（パスワード：matome56）

※通信料が発生する場合があります